노벨상을 꿈꿔라 7

2021 노벨 과학상 수상자와
연구 업적 파헤치기

노벨상을 꿈꿔라 7

1판 1쇄 발행 2021년 2월 28일

글쓴이	이충환 박응서 한세희
감수	장혜영
펴낸이	이경민

편집	이순아
디자인	이유리
펴낸곳	(주)동아엠앤비
출판등록	2014년 3월 28일(제25100-2014-000025호)
주소	(03737) 서울특별시 서대문구 충정로 35-17 인촌빌딩 1층
전화	(편집) 02-392-6903 (마케팅) 02-392-6900
팩스	02-392-6902
홈페이지	www.dongamnb.com
이메일	damnb0401@naver.com
SNS	🇫 🅾 blog

ISBN	979-11-6363-561-1 (43400)

※ 잘못된 책은 구입한 곳에서 바꿔 드립니다.
※ 책 가격은 뒤표지에 있습니다.
※ 이 책에 실린 사진은 셔터스톡, 위키피디아에서 제공받았습니다.
  그 밖의 제공처는 별도 표기했습니다.

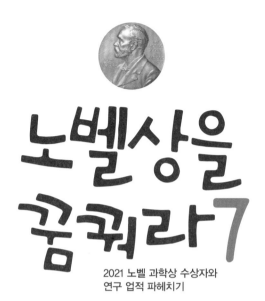

노벨상을 꿈꿔라7

2021 노벨 과학상 수상자와
연구 업적 파헤치기

이충환 박응서 한세희 | 지음

장혜영 | 감수

동아엠앤비

들어가며

"

세계적 석학의 꿈
학술분야 한국인 노벨상 수상자
올해는 가능할까?

"

또 다시 삼백예순다섯 개의 새로운 해님과 달님을 공짜로 받았습니다. 멀게만 느껴지는 위드 코로나로 가는 고비에서 나태주 님의 새해 인사 한 구절로 시작해 봅니다.

2021년 노벨상의 주인공이 발표되었습니다. 매해 10월 첫째 주가 되면 노벨상 선정 주간으로 전 세계 과학자와 언론이 과연 올해의 수상자는 누가 될지 관심을 모읍니다. 역시 우리의 관심사는 우리나라 수상자가 있을지 여부겠죠. 전 세계를 팬데믹에 빠뜨린 코로나의 위세가 크기에 관련 분야에서 다수의 수상자가 나올 것이라 예상했지만 예상과 달리 우리의 일상생활과 조금 더 밀접한 현상에 속하는 부문에서 수상의 영광을 차지했습니다.

노벨상은 노벨의 유언에 따라 인류 복지에 공헌한 사람이나 단체에 수여되는 상입니다. 2021년에는 인간의 '감각'과 '감정' 그리고 인간으로서 지켜 나가야 할 '가치'에 관해 깊이 고민한 인물이 수상자로 선정되었습니다.

"세상에서 나의 공간을 잃어가는 기분이 글을 쓰게 된 계기였다."라고 말하는 노벨 문학상 수상자 압둘라자크 구르나의 수상 소감을 읽으며 상실, 부족함, 불편함에 관한 호기심으로 출발한 연구가 커다란 현상에 대해 정의가 되는 놀랍고도 위대한 결과를 만듦을 깨닫게 됩니다. 무심코 지나치면 아무런 변화가 없지만 파고들어 연구하고 그 폭을 넓혀 가면 마치 나비 효과처럼 놀

라운 발견을 하게 됩니다. 우리는 모두 서로 다른 관심사를 가지고 있습니다. 호기심이 관심이 되고 관심은 나의 또 다른 연구가 될 수 있습니다.

　이러한 관심으로 수많은 시간과 노력을 들여 연구하고 끝내 인류의 복지에 도움을 주는 과학자들의 열정과 노고에 무한 감사를 표하고 싶습니다. 그들의 수고가 있었기에 우리가 더 나은 혜택을 누리며 오늘을 살고 있으니까요. 여러분도 인류의 미래와 행복에 기여하는 과학자가 되고 싶지 않나요? 노벨상은 석학의 명예의 전당이라 표현되지만 그리 거창하지 않아도 관심사를 연구하며 재미있게 학문을 키우는 과학자의 미래를 생각해 보아도 좋을 것 같습니다.

　노벨상 시상식 주간이 되면 어김없이 '혹시 어쩌면'이란 기대를 하게 되는데, 이어지는 실망으로 매년 다음 해를 기약하게 됩니다. 케이 팝과 드라마가 한류 열풍을 선도하고 있는 시점에서 우리나라 과학자의 노벨상 수상을 간절히 소망해 봅니다.

2022년 어느 날

$$E = mc^2$$

차례

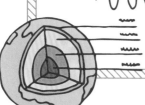

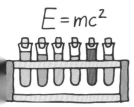

2021 노벨상

인류의 삶을 풍요롭게, 지식의 지평을 광대하게

2021년 12월 노벨 주간(Nobel Week)에 '우주에서 바라본 지구'를 주제로 한 조명이 스웨덴 스톡홀름의 시청을 비추고 있다.
© Nobel Prize Outreach/Christian Åslund

인류의 삶을 풍요롭게, 지식의 지평을 광대하게

신종 코로나바이러스 감염증(코로나19)은 2020년에 이어 2021년 노벨상에도 영향을 미쳤습니다. 노르웨이 오슬로에서 노벨 평화상 시상식은 정상적으로 열렸지만, 원래 스웨덴 스톡홀름에서 개최되는 노벨상 시상식은 열리지 못했어요. 대신 수상자가 속한 각국 기관에서 열렸습니다.

코로나19 관련 연구자들이 노벨상을 받을 것이라고 주목받기도 했습니다. 코로나19 대응에 필수적인 백신 가운데 획기적인 방식을 적용한 메신저 리보 핵산(mRNA) 백신이 있는데, mRNA 백신 관련 연구자들이 노벨 생리의학상이나 노벨 화학상을 받지 않을까 하는 예상이 조심스레 나왔습니다. 왜냐하면 보통 백신은 개발에 10년 이상 걸리고 유효성이 50% 이하인 데 비해 mRNA 백신은 1년 이내의 단기간에 유효성이 90% 이상을 나타내도록 개발됐기 때문입니다. 하지만 안타깝게도 mRNA 백신 기술 관련 연구자들은 노벨상을 받지 못했어요. 그 이유에 관해 노벨위원회는 노벨상 후보 추천이 마감된 시기에 mRNA 백

노벨상은 어떻게 만들어졌을까?

노벨상은 스웨덴의 발명가이자 화학자인 알프레드 노벨(Alfred Bernhard Nobel)의 유언에 따라 만들어진 상입니다. 다이너마이트를 발명해 막대한 재산을 모은 노벨은 '남은 재산을 인류의 발전에 크게 공헌한 사람에게 상으로 주라.'는 내용의 유서를 남겼거든요. 노벨상은 1901년부터 물리학, 화학, 생리의학, 문학, 평화처럼 노벨이 유서에 밝힌 5개 분야에 관해 시상하다가 1969년부터 경제학 분야가 추가됐어요. 시상식은 노벨이 세상을 떠난 12월 10일에 매년 개최됩니다.

2021년 노벨상 메달과 증서. © Nobel Prize Outreach/Clément Morin

신의 임상 시험 정도만 끝나 효과를 충분히 검증할 시간이 없었기 때문이라고 설명했습니다.

2021년 노벨상 수상의 영광을 차지한 사람은 모두 13명이었습니다. 물리학상, 경제학상 수상자가 각각 3명, 생리의학상, 화학상, 평화상 수상자가 각각 2명, 문학상 수상자가 1명이었어요. 최근에는 노벨상을 여러 명이 함께 받는 경우가 많은데, 한 분야에 최대 3명까지 가능하답니다. 다만 훌륭한 업적을 남겼어도 이미 죽은 사람은 상을 받을 수 없습니다.

수상자를 선정하는 곳은 분야별로 정해져 있습니다. 스웨덴 왕립과학 아카데미에서 물리학상, 화학상, 경제학상 수상자를, 스웨덴 카롤린스카의대 노벨위원회에서 생리의학상 수상자를, 스웨덴 한림원에서 문학상 수상자를 각각 선정합니다. 그리고 평화상 수상자는 노르웨이 의회에서 지명한 위원 5명으로 구성된 노벨위원회에서 정합니다. 모든 수상자는 매년 10월 초에 하루에 한 분야씩 발표합니다.

수상자는 노벨상 메달과 증서, 상금을 받습니다. 메달은 분야마다 디자인이 약간 다르지만, 앞면에는 모두 노벨 얼굴이 새겨져 있습니다. 증서는 상장이지만, 단순한 상장이 아니에요. 그해의 주제나 수상자의 업적을 스웨덴과 노르웨이의 전문 작가가 그림과 글씨로 표현한, 하나의 예술 작품입니다.

상금은 매년 기금에서 나온 수익금을 각 분야에 똑같이 나누어 지급합니다. 그래서 상금액이 매년 다를 수 있는데, 2021년 노벨상의 상금은 2020년과 같은 1000만 스웨덴 크로나입니다. 우리 돈으로는 약

13억 5,000만 원이고요. 공동 수상일 경우에는 선정 기관에서 정한 기여도에 따라 수상자가 나눠 갖습니다.

2021년 노벨상의 큰 특징은 그동안 소외됐던 분야에 수여됐다는 점을 꼽을 수 있습니다. 노벨 평화상은 86년 만에 언

2021년 12월 8일 미국 어바인 국립과학원(NAS) 버크만센터에서 열린 노벨상 시상식 뒤에 함께 모인 수상자들. 왼쪽부터 데이비드 줄리어스(생리의학상), 휘도 임번스(경제학상), 아뎀 파타푸티언(생리의학상), 데이비드 카드(경제학상). ⓒ Nobel Prize Outreach/Paul Kennedy

론인 2명이 받았으며, 노벨 물리학상은 2명의 기후학자가 지구 과학 분야에서 2번째로 받았습니다.

또 하나의 특징은 난민 출신의 수상자가 많이 나왔다는 점입니다. 문학상을 받은 압둘라자크 구르나(Abdulrazak Gurnah) 작가는 탄자니아 난민 출신이고, 생리의학상을 받은 2명의 과학자도 박해를 피해 미국에 정착한 난민 출신이랍니다. 즉 아뎀 파타푸티언(Ardem Patapoutian) 교수는 레바논 출신이고, 데이비드 줄리어스(David Julius) 교수는 조부모 때 소수 민족을 박해하던 러시아를 탈출했습니다.

자, 그럼 2021년 노벨상 수상자들은 어떤 업적을 인정받았을까요? 지금부터 노벨 문학상, 평화상, 경제학상 수상자의 업적과 물리학, 화학, 생리의학 등 노벨 과학상 수상자의 연구 업적을 간단히 소개하겠습니다.

2021년 노벨 문학상 수상자 압둘라자크 구르나 작가.
© Nobel Prize Outreach/Hugh Fox

노벨 문학상
탄자니아 출신 소설가
압둘라자크 구르나

탄자니아 출신 소설가 압둘라자크 구르나가 2021년 노벨 문학상을 받았습니다. 1986년 나이지리아의 월레 소잉카(Wole Soyinka) 이후 35년 만에 아프리카 출신 작가가 노벨 문학상을 수상한 것으로 구르나는 난민 출신의 소설가로도 주목받았습니다.

스웨덴 한림원은 압둘라자크 구르나의 선정 배경에 관해 식민주의 영향과 난민의 운명을 단호하고 연민 어린 통찰로 보여 주었다고 설명했습니다. 구르나는 1948년 탄자니아 잔지바르 섬에서 태어났어요. 탄자니아는 잔지바르 섬과 아프리카 본토 탕가니카가 합쳐진 연방 공화국입니다. 탕가니카는 1880년부터 1911년까지 독일의 식민지였고, 1차 세계대전 이후 영국의 식민지가 됐는데, 1961년 독립했습니다. 잔지바르도 1963년 독립했지만, 1964년 사회주의 성향의 탕가니카가 잔지바르를 무력으로 합병했습니다. 이렇게 탄자니아 연방 공화국이 수립된 것이죠. 이 무렵 이슬람교도에 관한 탄압이 심했습니다. 구르나는 청소년기에 식민지적 차별과 전쟁, 종교적 탄압을 경험했는데, 이 경험이 그의 작품에 녹아 있습니다.

1968년 20세가 된 구르나는 난민 신분으로 영국으로 유학을 갔습니다. 이후 옥스퍼드의 크라이스트 처치 칼리지와 런던대학에서 공부했으며, 1980년부터 1982년까지 나이지리아 카노에 있는 바예로대학에서 강의했습니다. 1982년 영국 켄트대학에서 영문학 박사 학위를 받은 뒤 이 대학에서 영어 영문학 및 탈식민주의 문학 교수로 재직하다가 최근에 은퇴했습니다.

구르나는 1987년 《출발의 기억(Memory of Departure)》이란 소설을 처음 내놓은 뒤 1988년 《순례자의 길(Pilgrim's Way)》, 1990년 《도티(Dottie)》 등을 발표했습니다. 이 초기 작품에는 영국에서 살아가는 이민자의 모습이 담겨 있어요. 1994년 《낙원(Paradise)》, 2001년 《바닷가(By the Sea)》, 2005년 《탈출(Desertion)》 등이 그의 주요 작품이고, 2020년 《사후의 삶(Afterlives)》이 최신작입니다. 특히 《낙원(Paradise)》은 식민주의에 상처 받은 동아프리카 국가의 소년 이야기이며, 《사후의 삶(Afterlives)》은 어린 시절 독일 식민지 군대에 부모를 잃고 몇 년간 자국민과의 전쟁을 치른 뒤 마을로 돌아온 주인공의 이야기랍니다.

노르웨이 오슬로 시청에서 열린 노벨 평화상 시상식. 필리핀의 마리아 레사(왼쪽)와 러시아의 드미트리 무라토프가 함께 수상했다.
© Nobel Prize Outreach/Jo Straube

노벨 평화상
'표현의 자유'를 수호하다
마리아 레사와 드미트리 무라토프

2021년 노벨 평화상은 정권의 탄압에 맞서 싸운 언론인 2명에게 돌아갔습니다. 필리핀 언론인 마리아 레사(Maria Ressa)와 러시아 언론인 드미트리 무라토프(Dmitry Muratov)가 바로 그 주인공입니다. 노르웨이

노벨위원회는 민주주의와 영구적 평화의 전제 조건인 '표현의 자유'를 수호하기 위해 노력한 공로라고 발표했어요. 언론인이 노벨 평화상을 받은 것은 1935년 나치 독일 치하에서 평화 운동을 하며 독일이 비밀리에 재무장하고 있다는 사실을 폭로한 카를 폰 오시에츠키(Carl von Ossietzky) 이후 86년 만이랍니다.

마리아 레사는 필리핀의 온라인 탐사 보도 매체 래플러의 창립자이자 여성 최고 경영자(CEO)입니다. 그녀는 필리핀 정부의 권력 남용, 폭력 사용, 권위주의 심화를 폭로했습니다. 2016년 취임한 로드리고 두테르테(Rodrigo Duterte) 필리핀 대통령은 필리핀 내 부패, 마약, 범죄를 근절하겠다며 무차별적 단속을 벌였는데요, 이 과정에서 사법 절차를 무시한 채 체포와 사살을 일삼아 인권 침해 비판을 받고 있습니다. 래플러는 두테르테 정권의 마약 퇴치 캠페인을 비판적으로 조명하는 데 집중했고, 이 캠페인은 사망자를 많이 발생시켜 자국민을 상대로 치르는 전쟁과 비슷하다고 지적했습니다.

또 드미트리 무라토프는 1993년 러시아의 독립신문 '노바자 가제타'를 공동 창립해 편집장을 맡고 있습니다. 그는 갈수록 어려워지는 여건에서도 수십 년간 러시아 내 표현의 자유를 지켜 왔다는 평가를 받았습니다. 러시아는 장기 집권 중인 블라디미르 푸틴(Vladimir Putin) 대통령이 막강한 권력을 휘두르며 야권을 탄압하고 언론을 통제한다는 비판을 받고 있습니다. 노바자 가제타는 러시아의 부패, 선거 사기, 경찰 폭력, 불법 체포 등 다양한 주제로 비판적 기사를 실었어요. 그러다가 이 신문에 위협과 폭력이 가해져 6명의 언론인이 사망하기도 했답니다. 이렇듯 각종 살인과 위협에도 불구하고 무라토프는 신문의 고유한 독립 정책을 지켜 왔습니다.

노벨 경제학상
노동 경제학에 기여하고 '자연 실험' 방법론을 분석하다
데이비드 카드, 조슈아 앵그리스트, 귀도 임번스

2021년 노벨 경제학상을
받은 데이비드 카드
교수(왼쪽), 조슈아
앵그리스트 교수(가운데),
귀도 임번스 교수(오른쪽).
© Nobel Prize Outreach/
Paul Kennedy, Risdon
Photography

경제학상은 1968년 스웨덴 중앙은행이 노벨을 기념하는 뜻에서 만든 상입니다. 시상은 1969년부터 시작했고 상금은 스웨덴 중앙은행이 별도로 마련한 기금에서 지급합니다.

2021년 노벨 경제학상은 경험에 기반한 실증 연구 분야의 기념비적 성과를 낸 미국 경제학자 3명에게 수여됐습니다. 데이비드 카드(David Card) 버클리 캘리포니아대학 교수, 조슈아 앵그리스트(Joshua Angrist) 매사추세츠공대(MIT) 교수, 휘도 임번스(Guido Imbens) 스탠퍼드대학 교수가 그 주인공입니다. 스웨덴 왕립 과학원 노벨위원회는 수상자들이 노동 시장에 관한 새로운 통찰을 제공하고 사회 과학에서도 '자연 실험(natural experiments)'을 통해 인과 관계를 도출할 수 있다는 사실을 보여 줬다고 선정 이유를 밝혔습니다.

먼저 노동 경제학 분야의 대가 중 한 명인 데이비드 카드 교수는 앨런 크루거 프린스턴대학 교수와 함께 1992년 뉴저지와 펜실베이니아 식당에서 최저 임금 인상이 고용에 어떤 영향을 미치는지 연구한 논문을 발표했어요. 연구 결과 최저 임금이 시간당 4.25달러에서 5.05달러로 올랐지만, 고용에는 큰 영향이 없었던 것으로 나타났습니다. 기존에는 최저 임금을 큰 폭으로 인상하면 일자리 축소 부작용이 일어난다는 이론이 제기됐습니다. 카드 교수가 적절한 수준으로 최저 임금을 인상한다면 일자리 감소처럼 고용 시장에 미치는 부정적 영향이 적다는 결론을 이끌어 낸 셈입니다.

앵그리스트 교수와 임번스 교수는 인과 관계 분석에 관한 방법론적 기여를 인정받았습니다. 두 사람은 의무 교육 기간이 확대될 때 누군가의 미래 수입에 어떤 영향을 주는지에 관한 자연 실험을 해 학교의 자원이 미래 노동 시장에서 성공하는 데 매우 중요하다는 사실을 증명했습니다. 노벨위원회는 자연 실험 데이터는 해석하기 어렵지만 이들의 연구가 인과적 질문에 관한 통찰을 향상시켰다고 평가했습니다. 상금 중 절반은 카드 교수에게 주어졌고, 나머지 절반은 앵그리스트 교수와 임번스 교수에게 반씩 주어졌다고 합니다.

2021년 노벨 과학상

노벨 과학상은 물리학, 화학, 생리의학이라는 세 분야로 나눠집니다. 2021년 노벨 과학상은 모두 7명이 받았어요. 1901년 제1회 노벨상 이후 지금까지 전쟁 등으로 인해 시상하지 못했던 몇몇 해를 거쳐,

2021년에 노벨 물리학상은 115번째, 화학상은 113번째, 생리의학상은 112번째 시상이었습니다.

자, 이제 2021년 노벨 과학상 수상자들의 연구 내용을 간단히 살펴보겠습니다.

노벨 물리학상
기후와 물질의 복잡계를 규명하다
마나베 슈쿠로, 클라우스 하셀만, 조르조 파리시

2021년 노벨 물리학상 증서를 손에 든 미국 프린스턴대학 마나베 슈쿠로 교수. © Nobel Prize Outreach/Risdon Photography

물리학상은 지구의 복잡한 기후와 무질서한 물질에 관한 이해를 넓힌 과학자 3명에게 돌아갔어요. 미국 프린스턴대학의 마나베 슈쿠로(真鍋淑郎) 교수, 독일 막스플랑크 기상연구소의 클라우스 하셀만(Klaus Hasselmann) 연구원, 이탈리아 로마 사피엔자대학 조르조 파리시(Giorgio Parisi) 교수가 그 주인공입니다.

날씨와 기후를 좌우하는 바람과 물은 고대부터 움직임을 예측하기 힘든 존재로 여겨져 왔습니다. 마나베 교수와 하셀만 연구원은 지구의 기후를 이해할 수 있는 도구, 즉 기후 모델을 개발해 인류가 기후에 어떻게 영향을 미치는지에 관한 지식의 토대를 마련한 공로를 인정받았습니다. 마나베 교수는 기후 모델의 창시자입니다. 1967년 발표한 논문에서 기후 모델을 이용해 대기 중 온실가스가 증가할 때 지구 표면 대기의 온난화 정도를 예측했답니다. 구체적으로 이산화탄소가 2배 증가할 때 대기 온도가 대략 2.3℃ 상승할 것으로 추정했어요. 하셀만 연구원은 1993년에 발표한 논문에서 여러 요인이 기후 변화에 미친 영향을 구별하는 '지문법'을 제시했습니다. 온실가스, 에어로졸, 태양 복사, 화산 입자처럼 인위적이거나 자연적인 요인이 각자 고유한 기후 변화를 일으켜 시공간에 '지문'을 남긴다는 점에 착안해 인간이 기후 시스템에 미치는 영향을 증명하는 방법을 개발한 것입니다. 마나베 교수와 하셀만 연구원의 연구 성과 덕분에 현대적인 기후 모델이 개발됐고, 인간 활동에 따른 미래 기후 변화를 예측할 수 있게 됐답니다.

복잡계는 기후 시스템뿐만 아니라 물질에서도 찾을 수 있습니다. 파리시 교수는 물질 속에서 존재하는 전자의 무질서한 현상에서 숨겨진 패턴을 발견했다는 평가를 받았습니다. 스핀 글라스(spin glass)는 비(非)자성체에 자성을 띤 불순물이 섞인 특별한 유형의 금속 합금인데, 일부 스핀(작은 자석)이 어떤 방향을 가리킬지 몰라 '쩔쩔매는 현상'이 나타납니다. 1979년 파리스 교수는 통계 역학을 이용해 스핀 글라스를 설명하는 이론을 발표했습니다. 이는 기상 현상, 신경망에서의 신호 전달, 소셜 네트워크 서비스(SNS) 속 의견 대립처럼 여러 형태의 복잡계에서 발생하는 현상을 규명하는 데도 유용하답니다.

2021년 노벨 물리학상은 세 사람에게 수여됐지만, 상금은 파리시 교수에게 50%, 마나베 교수와 하셀만 연구원에게 나머지 50%가 주어졌습니다. 물질의 복잡계 연구 성과와 기후 시스템 연구 성과로 나눈 셈입니다.

노벨 화학상
분자 만드는 독창적 도구 '유기 촉매'를 개발하다
베냐민 리스트, 데이비드 맥밀런

2021년 노벨 화학상 증서를 손에 든 독일 막스플랑크연구소 베냐민 리스트 교수.
© Nobel Prize Outreach/Bernhard Ludewig

화학상은 분자를 만들기 위한 정확하고 새로운 도구인 유기 촉매를 개발한 과학자 2명에게 주어졌습니다. 독일 막스플랑크연구소의 베냐민 리스트(Benjamin List) 교수와 미국 프린스턴대학 화학과 데이비드 맥밀런(David MacMillan) 교수가 그 주인공입니다.

촉매란 최종 산물에 관여하지 않으면서 화학 반응을 제어하고 빨리 일어나게 할 수 있는 물질입니다. 예를 들어 자동차에 들어가는 금속 촉매(백금)는 배기가스의 독성 물질을 해롭지 않은 분자로 바꿔 주고, 우리 몸속의 많은 효소는 생명에 필요한 분자를 자르거나 붙이는 촉매 역할을 합니다. 화학자들은 오랫동안 촉매가 금속, 효소와 같은 2가지 유형만 존재한다고 믿었는데, 리스트 교수와 맥밀런 교수가 2000년 독립적 연구를 해 세 번째 유형의 촉매를 개발했답니다. 작은 유기 분자를 기반으로 하는 이 새로운 촉매는 바로 '비대칭 유기 촉매'입니다. 비대칭 촉매란 비대칭 화학 물질을 합성할 때 한 종류의 거울상 이성질체만 만드는 촉매를 뜻합니다. 거울상 이성질체는 분자를 이루는 원소의 종류와 개수가 같지만, 구조가 거울에 비친 것처럼 반대 모양인 물질이랍니다.

맥밀런 교수는 가격이 비싸고 공기와 수분에 민감한 금속 촉매의 한계를 느끼고 금속 이온 없이 탄소, 질소 원자를 포함한 비대칭 유기 촉매를 개발했습니다. 리스트 교수는 효율적인 촉매인 효소에 주목해 연구하다가 아미노산의 하나인 프롤린을 촉매로 비대칭 반응을 유도하는 데 성공했습니다. 두 사람의 독립적인 연구 덕분에 비대칭 유기 촉매 연구는 크게 발전했답니다. 유기 촉매란 용어는 맥밀런 교수가 처음 사용했습니다.

2000년 이후 유기 촉매는 눈부시게 발전했어요. 덕분에 새로운 의약품부터 태양 전지에서 광자를 포착하는 분자에 이르기까지 효율적으로 개발할 수 있었답니다. 특히 유기 촉매를 이용해 불안 장애와 우울증 치료제인 파록세틴, 독감 같은 호흡기 감염 질환을 치료하는 항바이러스제인 오셀타미비르를 제조했습니다.

2021년 노벨 생리의학상 증서를 손에 든 미국 스크립스연구소 아뎀 파타푸티언 교수.
© Nobel Prize Outreach/Paul Kennedy

노벨 생리의학상
촉각의 비밀을 발견하다
데이비드 줄리어스, 아뎀 파타푸티언

생리의학상은 더위와 추위, 촉각을 감지하는 인간의 능력을 만드는 온도와 촉각 수용체를 발견한 2명의 과학자에게 돌아갔습니다. 미국 샌프란시스코 캘리포니아대학 생리학과 데이비드 줄리어스 교수와 미국 스크립스연구소 신경 과학과 아뎀 파타푸티언 교수가 그 주인공입니다. 줄리어스 교수는 온도 수용체를, 파타푸티언 교수는 기계적 감각과 위치 감각 수용체를 각각 밝혀낸 업적을 인정받았답니다.

　일상에서 당연하게 생각하지만, 우리 몸이 온도와 압력을 어떻게 인지하는지는 오랫동안 미스터리였습니다. 예를 들어 여름날 잔디밭에서 맨발로 걷는다면, 태양의 열기, 바람의 산들거림, 발밑의 풀잎을 느낄 수 있을 것입니다. 그렇다면 우리는 촉각을 어떻게 느낄까요? 줄리어스 교수와 파타푸티언 교수가 분자 차원에서 이 비밀을 풀어냈습니다.

　먼저 과학자들은 환경 변화를 감지하는 특수 감각 뉴런의 존재를 확인했습니다. 하지만 신경계가 주변 환경을 어떻게 감지하고 해석하는지를 이해할 필요가 있었죠. 줄리어스 교수와 파타푸티언 교수가 온도와 기계적 자극이 신경계에서 어떻게 전기 신호로 바뀌는지 알아냈습니다. 1990년대 후반 줄리어스 교수는 고추에서 매운맛을 내는 화합물인 캅사이신이 어떻게 작용하는지를 연구하다가 캅사이신에 반응하는 유전자 'TRPV1'을 발견했어요. 놀랍게도 TRPV1은 캅사이신뿐만 아니라 43℃ 이상의 고온에도 반응하는 것으로 드러났습니다. TRPV1 단백질은 온도 변화에 따라 활성화되는 이온 통로였죠. 온도 감지 수용체를 처음 찾아낸 성과였답니다. 이후 새로운 온도 감지 유전자와 수용체가 잇달아 발견됐습니다.

　파타푸티언 교수는 기계적 자극에 반응하는 유전자를 발견하는 데 도전했습니다. 마이크로피펫 끝부분으로 세포를 찔렀을 때 전기 신호를 방출하는지를 확인해 관련 후보 유전자를 찾아낸 뒤 각 유전자의 발현을 억제하고 세포를 건드리는 실험을 했어요. 전기 신호가 발생하지 않는다면 그 유전자가 압력 감지 유전자였기 때문입니다. 결국 파타푸티언 교수는 이 방법으로 피에조1, 피에조2라는 유전자를 발견했습니다. 피에조1, 피에조2 수용체는 손가락으로 피부를 찔렀을 때 전기 신호를 만드는 이온 통로임이 밝혀졌어요. 이 두 수용체는 호흡, 혈압, 방광 조절에도 핵심적 역할을 하는 것으로 드러났습니다.

2021년 노벨상 수상자 한눈에 보기

구분	수상자	업적
물리학상	마나베 슈쿠로 클라우스 하셀만	지구의 복잡한 기후 변화를 분석하는 기후 모델을 만듦.
	조르조 파리시	무질서한 물질에 관한 이해를 넓힘.
화학상	베냐민 리스트 데이비드 맥밀런	비대칭 유기 촉매 개발.
생리의학상	데이비드 줄리어스 아뎀 파타푸티언	우리 몸이 촉각을 인식하는 방법 연구.
문학상	압둘라자크 구르나	식민주의의 영향과 난민의 운명에 관한 단호하고 연민 어린 통찰을 보여 줌.
평화상	마리아 레사 드미트리 무라토프	정권의 탄압에 맞서 '표현의 자유' 수호.
경제학상	데이비드 카드 조슈아 앵그리스트 휘도 임번스	노동 경제학에 기여하고 '자연 실험' 방법론을 분석함.

2021 이그노벨상

코뿔소를 왜 거꾸로 매달아 옮길까요? 턱수염은 왜 생길까요? 스마트폰을 보면서 길을 걸으면 왜 위험할까요? 이처럼 다소 엉뚱해 보이는 궁금증의 답을 찾기 위해 연구한 과학자들이 2021년 31회 '이그노벨상'을 받았습니다.

'괴짜 노벨상'이라 불리는 이그노벨상은 1991년부터 미국 하버드 대학의 유머 과학잡지 〈황당무계 연구 연보(Annals of Improbable Research)〉가 매년 전 세계에서 추천받은 연구 가운데 가장 기발한 연구를 선별해 수여합니다. 재미있고 황당할 수도 있는 연구를 소개해, 어렵게만 느껴지는 과학에 흥미를 갖기 바라는 마음도 있다고 합니다.

2021년에도 10개 부문에 걸쳐 수상자를 발표했습니다. 해마다 수상 분야가 조금씩 바뀌는데, 2021년에는 의학, 생물학, 생태학, 곤충학, 물리학, 역학, 화학, 경제학, 평화, 운송 분야에서 수상자를 발표했어요.

2021년 31회 이그노벨상 시상식은 온라인상에서 진행됐다.
© improbable.com

자, 그럼 2021년 이그노벨상 수상자의 기발한 연구 내용을 한번 살펴볼까요? 참, 잊지 마세요. 이그노벨상의 캐치프레이즈가 '웃어라, 그리고 생각하라.'라는 점을요.

거꾸로 매달려 옮겨지고 있는 검은 코뿔소.
© 나미비아 환경산림관광부

운송상
코뿔소를 거꾸로 매달면?

아프리카 남서부에 있는 나미비아에서는 멸종 위기에 놓인 코뿔소를 보존하기 위해 노력하고 있습니다. 코뿔소를 인적이 드문 산간 지역으로 옮기는 프로젝트도 그 노력의 하나죠. 보통 코뿔소를 트럭으로 옮기지만, 도로가 없는 지역으로 옮길 때는 헬기를 이용해야 합니다. 그런데 헬기 운송은 코뿔소에게 어떤 영향을 미칠까요?

미국 코넬대학 로빈 래드클리프(Robin Radcliffe) 교수 연구진은 나미비아 환경산림관광부의 도움을 받아 1톤가량의 검은 코뿔소 12마리로 이 문제를 연구해 운송 분야 이그노벨상을 받았답니다. 연구진은 10분간 거꾸로 매달았을 때와 옆으로 눕혔을 때 코뿔소의 몸 상태를 조사해 비교했어요.

실험 결과, 두 자세 모두에서 코뿔소는 저산소증을 보였지만, 동맥의 산소 압력은 거꾸로 매달았을 때가 옆으로 눕혔을 때보다 4mmHg 더 크게 나타났답니다. 저산소증일 경우 산소 압력이 높아야 수분이나 근육의 손실 가능성이 낮아진다고 합니다. 이를 통해 연구진은 코뿔소가 거꾸로 매달렸을 때 저산소증의 영향을 덜 받는다는 결론을 내렸습니다.

평화상
턱수염은 왜 생길까?

일반적으로 남자는 청소년 시기 이후부터 턱수염이 자라기 시작합니다. 그런데 턱수염은 매일 깎아도 왜 계속 생기는 걸까요?

미국 유타대학 연구진은 '턱수염이 연약한 얼굴 뼈 보호에 미치는 영향'이라는 주제의 연구 결과로 이그노벨상 평화상을 받았습니다. 연구진은 양가죽, 양털, 섬유 등으로 사람의 뼈, 피부, 수염 등을 본뜬 모형을 만든 뒤 그 위에 무거운 물체를 떨어뜨리는 실험을 했어요. 실험 결과, 양털이 많이 붙어 있을수록 모형이 충격을 덜 받는다는 사실을 확인했답니다. 이를 바탕으로 연구진은 수염이 외부 충격으로부터 턱처럼 약한 얼굴 뼈를 보호하는 데 유용하며 피부 손상이나 근육 부상도 막아 준다고 주장했습니다.

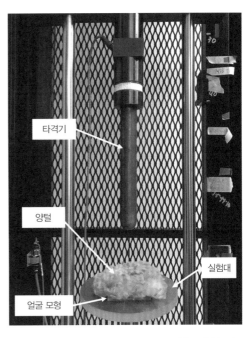

미국 유타대학 연구진이 턱수염의 얼굴 보호 능력을 증명하는 데 사용한 모형. © 유타대학

역학상

스마트폰에 빠진 '좀비'는 위험하다?

거리에서 스마트폰에 빠져 길을 걷는 사람을 쉽게 발견할 수 있습니다. 넋이 빠진 모습이 영화나 드라마에 나오는 좀비처럼 보여 '스마트폰 좀비(스몸비)'라고 부르기도 합니다. 스몸비는 아무래도 위험할 텐데, 과연 얼마나 위험할까요?

스마트폰을 보며 길을 걷는 위험을 경고하는 표지판.

일본 교토공예섬유대학 무라카미 히사시(村上久)교수 연구진은 스몸비가 주변 보행자들의 걸음 속도를 늦추며 심할 경우 충돌이 일어날 수 있다는 사실을 밝혀 역학 분야 이그노벨상을 받았습니다. 연구진은 보행자 54명을 두 그룹으로 나눈 뒤 폭 3미터, 길이 10미터의 직선 통로를 걷게 하는 실험을 했는데, 한 그룹 중 3명에게 스마트폰에 나온 문제를 풀면서 걷도록 했습니다. 실험 결과, 주변 보행자들이 이 3명의 스몸비와 부딪치지 않으려고 움직이다 보니, 그냥 걸을 때보다 집단의 보행 속도가 전체적으로 느려졌다고 합니다. 연구진은 이 실험이 무리를 형성해 움직이는 로봇 개발이나 동물의 행동을 분석하는 연구에 응용될 수 있고, 미래 자동차 등에 관한 연구에도 도움이 될 것이라고 전망했습니다.

의학상
성관계가 코막힘을 해소한다?!

성관계를 할 때 몸에 여러 변화가 생기는데, 그중 콧속에서는 어떤 변화가 나타날까요? 사실 이것은 많은 연구자가 꺼리던 주제 가운데 하나랍니다. 이 주제를 실험으로 밝혀낸 독일 하이델베르크병원 올세이셈 불루트(Olcay Cem Bulut) 교수 연구진이 의학 분야 이그노벨상을 받았습니다.

연구진은 36명을 대상으로 성관계 이후 콧구멍 내 공기 흐름을 자가 측정하도록 했다고 합니다. 실험 결과, 콧구멍 내 공기 흐름의 속도가 빨라졌고 흐름을 막는 저항력이 감소했다는 사실을 알아냈어요. 놀랍게도 이 효과는 1시간가량 지속됐답니다. 그런데 연구진은 왜 이런 연구를 한 걸까요? 연구진은 성관계, 특히 오르가슴이 코막힘에 사용되는 약만큼 효과가 있음을 증명하기 위해 노력한 것이랍니다.

고양이의 의사소통법(생물학상)부터 정치인의 비만도(경제학상)까지 수상

나머지 이그노벨상은 어떤 연구 결과가 받았을까요? 생물학상은 고양이가 내는 소리에 따라 의사소통 방법을 분석한 연구에, 생태학상은 5개국을 돌아다니면서 포장지에 붙은 채 버려진 껌을 분석해 각기 다른 종의 세균을 확인한 연구에 각각 주어졌습니다. 곤충학상은 미군 잠수함 내 바퀴벌레 제거법 연구에 돌아갔습니다.

또한 물리학상은 군중 속의 사람들이 충돌하지 않는 이유를 입자의 운동 이론으로 설명한 연구가, 화학상은 영화 등급(선정성, 폭력성에 따른 분류)에 따라 달라지는 사람의 체취를 화학적으로 분석한 연구가 각각 받았습니다. 아울러 경제학상은 정치인들의 비만 정도가 그 나라의 부패를 드러내는 지표일 수 있다고 증명한 연구가 차지했습니다.

확인하기

지금까지 2021년 각 분야 노벨상 수상자들의 업적과 이그노벨상 수상자들의 연구 내용을 간단히 살펴봤습니다. 특별히 어떤 내용, 어떤 수상자가 기억에 남나요? 다음 퀴즈를 풀면서 2021년 노벨상을 다시 정리해 봤으면 합니다.

01 다음 중에서 노벨의 유언에 따라 만들어진 노벨상이 아닌 것은 무엇일까요?
① 물리학상
② 경제학상
③ 문학상
④ 평화상

02 2021년 노벨 문학상은 탄자니아 출신 소설가 압둘라자크 구르나가 받았습니다. 다음 중 이 작가의 작품이 아닌 것은 무엇일까요?
① 순례자의 길
② 도티(Dottie)
③ 낙원
④ 아킬레스의 승리

03 2021년 노벨상 수상자 중에는 단 1명의 여성 수상자가 나왔습니다. 다음 중 여성이 받은 노벨상은 어떤 분야의 상일까요?
① 물리학상
② 화학상
③ 평화상
④ 문학상

04 2021년 노벨 평화상은 2명이 공동 수상했습니다. 이 2명의 공통점은 무엇일까요?
① 음악가
② 외교관
③ 언론인
④ 정치인

05 2021년 경제학상 수상자들은 노동 시장에 관한 새로운 통찰을 제공하고 사회 과학에서도 '○○ 실험'을 통해 인과 관계를 도출할 수 있다는 사실을 보여 줬다고 합니다. ○○은 무엇일까요?
(   )

06 2021년 노벨 물리학상을 받은 마나베 슈쿠로와 클라우스 하셀만은 복잡계 연구를 통해 지구의 기후 시스템 변화를 이해할 수 있는 도구를 마련했습니다. 이 도구는 무엇일까요?
① 기후 모델
② 지구 모델
③ 해양 모델
④ 진화 모델

07 조르조 파리시는 복잡한 물질 속에 숨겨진 패턴을 찾아냈습니다. 그의 연구 대상은 무엇이었을까요?
① 유리
② 스핀 글라스
③ 구리
④ 마그네사이트

08 2021년 노벨 화학상을 받은 베냐민 리스트와 데이비드 맥밀런은 특별한
    촉매를 개발했습니다. 구체적으로 어떤 촉매일까요?
    ① 금속 촉매
    ② 효소
    ③ 무기 촉매
    ④ 비대칭 유기 촉매

09 데이비드 줄리어스와 아뎀 파타푸티언은 촉각의 비밀을 밝혀 2021년 생
    리의학상을 받았습니다. 두 사람이 발견한 수용체가 아닌 것은 무엇일까
    요?
    ① 로돕신 분자
    ② TRPV1
    ③ 피에조1
    ④ 피에조2

10 2021년 역학 부문 이그노벨상은 거리에서 스마트폰에 빠져 길을 걷는 사
    람의 위험성을 연구한 일본 교토공예섬유대학 무라카미 하사시 교수가 받
    았습니다. 다음 중 스마트폰에 빠져 길을 걷는 사람을 지칭하는 단어는 무
    엇일까요?
    ① 좀비
    ② 스마트폰 유령
    ③ 스몸비
    ④ 스마트폰 중독자

10. ③
9. ①
8. ④
7. ②
6. ①
5. 작열
4. ③
3. ③
2. ④
1. ②

정답

2021 노벨 물리학상

2021 노벨 물리학상, 수상자 세 명을 소개합니다!
몸풀기! 사전 지식 깨치기
본격! 수상자들의 업적
확인하기

2021년 노벨 물리학상, 수상자 세 명을 소개합니다!

—마나베 슈쿠로, 클라우스 하셀만, 조르조 파리시.

2021년 노벨 물리학상은 지구의 복잡한 기후와 무질서한 물질에 관한 이해를 넓힌 과학자 세 명에게 돌아갔습니다. 지구 기후나 특정 물질은 무질서한 복잡계의 특징을 갖고 있는데, 세 명의 과학자는 기후와 물질의 복잡계를 규명하기 위해 노력했답니다.

먼저 미국 프린스턴대학의 마나베 슈쿠로 교수와 독일 막스플랑크 기상연구소의 클라우스 하셀만 연구원은 기후 모델을 개발해 인류가 기후에 어떻게 영향을 미치는지에 관한 지식의 토대를 마련한 공로로 수상했습니다. 두 사람은 그동안 노벨상 분야 불모지로 여겨졌던 지구과학 분야에서 2번째 수상을 기록하기도 했습니다.

이탈리아 로마 사피엔자대학 조르조 파리시 교수는 무질서한 물질과 복잡계 과정에 관한 이론에 혁명을 일으킨 공로를 인정받았어요. 다시 말해 물질 속에 존재하는 전자의 무질서한 현상에서 숨겨진 패턴을 발견했다는 평가를 받았습니다. 결국 2021년 노벨 물리학상 수상자들 덕분에 복잡한 기후 변화를 분석하는 기후 모델이 만들어졌고, 무질서하고 복잡한 물리 세계의 규칙을 이해하게 됐답니다.

몸풀기! 사전지식 깨치기

2021년 노벨 물리학상은 기후와 물질의 복잡계를 규명한 3명의 과학자에게 돌아갔습니다. 마나베 슈쿠로 교수와 클라우스 하셀만 연구원은 기후라는 복잡계를 밝혀내 기후 모델을 만들었고, 조르조 파리시

"
기후와 물질의 복잡계를 규명하다
"

마나베 슈쿠로 미국 프린스턴대 교수
· 1931년 일본 신구 출생.
· 1955년 일본 도쿄대에서 박사 학위 받음.
· 2005년– 미국 프린스턴대 대기 해양 과학 프로그램
　　　　　 수석 기상학자.

클라우스 하셀만 독일 막스플랑크 기상연구소 연구원
· 1931년 독일 함부르크 출생.
· 1957년 독일 괴팅겐대에서 박사 학위 받음.
· 1975년 – 1999년 독일 막스플랑크 기상연구소 창립 이사.
· 1999년 – 독일 막스플랑크 기상연구소 연구원(교수).

조르조 파리시 이탈리아 로마 사피엔자대학 교수
· 1948년 이탈리아 로마 출생.
· 1970년 이탈리아 로마 사피엔자대학에서 박사 학위 받음.
· 2018년–2021년 린체이 아카데미 회장.

교수는 스핀 글라스라는 물질에서 무질서한 현상을 설명하는 방법을 제시했어요.

최근 복잡계란 말을 많이 쓰고 있습니다. 뇌, 생물 집단, 생태계, 진화, 면역 등에 관련한 생물학계는 물론이고, 지구 온난화, 인구 문제, 산림 감소 등에 관한 지구 환경계, 주식 시장, 환율 등에 관련된 시장 경제계에 이르기까지 다양한 분야에서 복잡계를 만날 수 있답니다. 그런데 복잡계란 무엇일까요? 자, 이제 2021년 노벨 물리학상의 업적을 이해하기에 앞서 필요한 지식을 살펴보겠습니다.

복잡계란 무엇일까?

많은 사람이 매일 인터넷을 이용해 소셜 네트워크 서비스(SNS)를 사용하고 있죠? 소셜 네트워크가 대표적인 복잡계 네트워크랍니다. SNS에서는 조그만 소문도 텔레비전 뉴스보다 빠르게 퍼지고, 소수의 의견이 갑자기 커다란 여론을 형성하기도 하는 특징이 있습니다.

우리 몸에도 여러 가지 복잡계 네트워크가 있답니다. 예를 들어 유전자 네트워크, 신호 전달 네트워크, 신진대사망의 연쇄적 화학 반응 네트워크가 이에 해당합니다. 복잡계 네트워크 연구는 이와 같은 사회 현상, 생명 현상 등을 이해하고자 시스템 수준에서 접근하는 방식이라고 할 수 있습니다.

복잡계란 여러 요소로 구성된 집단에서 각 요소가 다른 요소와 끊임없이 상호 작용을 하는 체계를 말합니다. 예를 들어 사람의 뇌는 대표적 생체 복잡계인데, 1000억 개의 신경 세포들이 연결된 회로망이랍니다. 각 신경 세포는 생성된 신호를 주고받으며 규칙적 리듬을 만들어내거나 전혀 예상치 못한 새로운 패턴을 생성하기도 합니다. 이를 통해

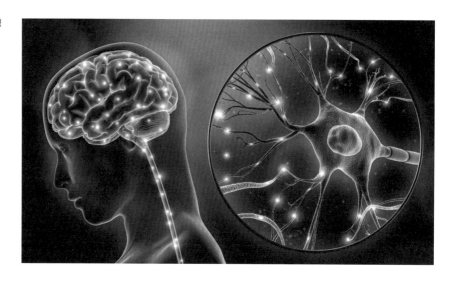

뇌는 1000억 개의 신경
세포(뉴런)가 연결된
대표적 생체 복잡계다.

뇌는 회로망에서 각 신경 세포의 단순한 신호 생성을 뛰어넘어 인지 활동의 밑바탕이 되는 다양하고 복잡한 패턴을 새로 만들어 냅니다.

생체 복잡계의 대표인 뇌를 살펴볼 때, 복잡계는 '부분의 합이 전체가 아니다.'라는 말을 나타낸다고 할 수 있습니다. 일종의 창발적(남이 하지 아니하거나 모르는 것을 처음으로 또는 새롭게 밝혀내거나 이루어 내는 것.) 특성이라고 할 수 있습니다. 뇌 신경 세포의 단순한 신호가 모여서 사람의 인지 활동을 만들어 내니까요.

복잡계 연구의 뿌리, 카오스 이론

초기 복잡계 연구는 고전 역학과 양자 역학의 갈등을 해결하려는 시도에서 출발했습니다. 뉴턴의 운동 법칙을 기본으로 하는 고전 역학은 현재 상태가 주어지면 미래가 유일하게 결정되는 '결정론적 세계관'을 지지합니다. 물체는 질량이 일정하므로 어떤 시각의 위치와 속도를 정하면 그 운동을 완전히 결정할 수 있다는 생각이죠. 반면에 20세기 초에 크게 발전한 양자역학과 통계 역학은 주사위 던지기처럼 미래가 확률적으로 주어진다는 '확률론적 세계관'을 보여줍니다. 예를 들어 수소 원자에서 전자의 위치는 원자핵의 중심에서 무한대에 이르는 거리 사이에 존재할 수 있습니다. 이 때문에 전자가 어느 순간에 어디에서 발견될지 알수 없고 특정한 곳에서 전자가 발견될 확률만알 수 있죠. 이처럼 고전 역학과 양자 역학의두 세계관은 상반되는데, 이런 내재적 갈등 구조를 해결하려는 시도가 복잡계 연구의 시작이었답니다.

비행기 날개 끝 소용돌이에서 생성되는 난기류에 관한 연구는 카오스 이론에 매우 중요했다. © NASA/wikimedia

이런 흐름에서 비평형계 과학과 카오스 이론이 폭발적인 성장을 했습니다. 비평형계 과학은 안정된 평형 상태에서 멀리 떨어져 있는 체계를 연구하는 과학이고, 카오스 이론은 복잡하고 불규칙적이어서 미래에 실질적 예측이 불가능한 현상을 다루는 이론입니다. 복잡계를 연구하는 과학은 이 둘에 뿌리를 두고 있습니다.

특히 카오스는 겉보기에 매우 불규칙하고 예측 불가능해 보이지만 그 이면에 어떤 규칙성이 숨어 있는 현상을 뜻합니다. 카오스는 20세기 초 프랑스의 수학자이자 물리학자인 앙리 푸앵카레(Henri Poincare)가 태양, 달, 지구와 같이 세 물체로 이루어진 시스템(삼체 문제)를 연구하는 과정에서 처음 발견했답니다.

삼체(三體) 문제는 수학에서 매우 어려운 문제로 유명합니다. 이는 3

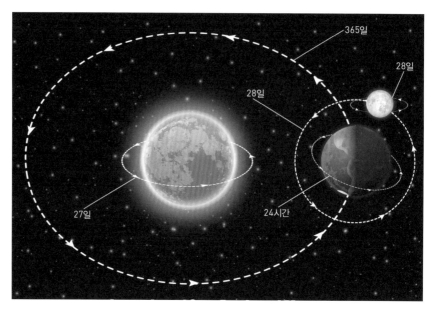

삼체 문제는 태양, 지구, 달처럼 3개의 물체가 중력을 통해 엮여 있을 때 각 물체의 운동을 예측하는 문제다. 20세기 초 푸앵카레는 삼체 문제를 연구하다가 카오스 현상을 처음 발견했다.

개의 물체가 중력을 통해 엮여 있을 때 각 물체의 운동을 예측하는 문제입니다. 뉴턴(Isaac Newton)은 두 물체 사이에 작용하는 만유인력의 법칙을 정량적이고 수학적으로 설명했는데, 이 만유인력을 3개의 물체에 적용한 것이 삼체 문제랍니다. 물체가 하나 늘어났을 뿐이지만, 문제의 난도는 매우 높아졌어요. 사실 삼체 문제는 뉴턴이 《프린키피아》에서 태양, 지구, 달의 관계를 통해 맨 처음 언급했습니다. 이체 문제는 완벽하게 규명됐지만, 삼체 문제는 그렇지 못했습니다. 뉴턴 이후 여러 과학자와 수학자가 노력했지만, 삼체 문제의 일반해를 구할 수 없었기 때문입니다. 특별한 경우의 해를 구하는 데 만족해야 했습니다.

앙리 푸앵카레가 삼체 문제에 손을 대자 새로운 국면에 접어들었습니다. 푸앵카레는 이 문제를 해결하고자 태양계를 3개의 천체만으로 구성되어 있다고 가정하고 이들 사이의 운동에 관한 미분 방정식 풀기에 도전했습니다. 방정식의 해에서 나온 천체(행성)의 움직임은 불규칙했는데, 행성은 불안정한 궤도를 그리며 이따금 예측 불가능한 방식으로 움직인다는 것이 드러났습니다. 푸앵카레는 오류를 수정하는 과정을 거쳐 삼체 문제의 일반해를 구할 수 없다는 사실을 처음 증명했습니다. 삼체 문제가 예측하기 어렵다는 사실, 즉 행성의 궤도가 불규칙하고 예측 불가능하다는 사실을 알아낸 것입니다. 뉴턴의 고전 역학처럼 변수의 영향을 통해 그 결과가 결정되기는 하지만, 초깃값의 미세한 변화에 따라 결과가 크게 달라진다는 사실을 밝혀냈답니다. 푸앵카레가 카오스 현상을 최초로 발견한 셈이고, 이는 카오스 이론으로 이어졌습니다.

카오스의 나비 효과란?

카오스의 가장 큰 특징은 초기 조건의 민감성입니다. 즉 초기에 나타나는 매우 작은 차이가 점점 증폭돼 결과가 크게 달라진다는 뜻이죠. 결국 초기 조건을 정확히 결정할 수 없는 복잡한 움직임의 경우에는 미래에 어떤 현상이 발생할지 예측하기 힘듭니다. 날씨 변화는 초기 조건의 민감성을 보여 주는 대표적인 예라고 할 수 있습니다.

1961년 미국의 기상학자 에드워드 로렌츠(Edward Norton Lorenz)는 컴퓨터로 기상 예측을 하기 위한 수학적 모델을 만드는 과정에서 카오스 현상을 발견했습니다. 기존 데이터를 바탕으로 미래 날씨를 예측하려면, 날씨와 연관된 여러 변수를 포함한 기상 방정식을 컴퓨터를 이용해 풀어야만 했죠. 로렌츠는 컴퓨터를 통해 나온 수치들을 그래프로 그려 날씨를 예측하고자 했습니다. 그는 과거에 했던 계산 결

$\tan a' = c \tan a - b(x - x_c)$

미국 매사추세츠공대 교수였던 에드워드 로렌츠는
컴퓨터로 기상 예측을 하기 위한 수학적 모델을
개발하다가 카오스 현상을 발견했다. © University
Corporation for Atmospheric Research

과를 면밀하게 검토해야 했는데, 처음부터 다
시 계산하지 않고 중간부터 시작했답니다. 이
전의 출력 데이터를 보고 숫자를 그대로 타이
핑해 컴퓨터로 계산했습니다. 놀랍게도 계산
결과는 이전과 전혀 다르게 나왔어요. 마치 주
머니에 든 공을 아무거나 고른 것처럼 두 계산
결과로 나온 날씨는 완전히 달랐습니다. 당연
히 그래프도 뒤죽박죽됐답니다.

도대체 뭐가 문제였을까요? 차근차근 계산
과정을 따져 보자 그 이유가 상당히 황당했습
니다. 2번째 계산을 할 때 좀 더 빠르게 하려
고 수치 중 하나를 소수점 4번째 자리에서 반
올림해서 집어넣었기 때문이었죠. 이 차이는
작아 결과에 실질적 영향을 미치지 않아야 했
는데, 그렇지 않았던 겁니다. 두 계산 결과는
처음에 소수점 끝자리만 차이가 나다가 점점 그 차이가 벌어져 시뮬레
이션 시간으로 4일이 지날 때마다 거의 2배씩 달라졌고, 결국 한 달이
지나자 전혀 다르게 나타났습니다. 로렌츠는 초기 조건의 작은 변화가
장기 예측 결과에 큰 변화를 준 현상, 즉 카오스 현상을 발견했던 것입
니다. 결국 그의 발견은 아무리 자세한 대기 모델링을 하더라도 일반적
으로 장기 기상 예측을 할 수 없음을 보여준 셈이랍니다. 그는 1963년
이 내용을 논문으로 발표했습니다.

로렌츠는 나비 효과로도 유명합니다. 그는 1969년 작은 변화가 큰
결과를 초래할 수 있다는 나비 효과를 생각했습니다. 1972년에는 '브

라질에 있는 나비의 날갯짓이 텍사스에 토네이도를 일으킬 수 있을까?'라는 제목으로 강연을 했어요. 변화무쌍한 날씨를 예측하기 힘든 이유를 '지구상 어디에선가 나타난 조그만 변화로 인해 다른 곳에서 예측 불가능한 기상 현상이 발생할 수 있다.'는 뜻의 표현으로 설명하고자 했던 것입니다. 사실 그는 처음 논문에서 갈매기의 날갯짓이라고 표현했지만, 나중에 나비의 날갯짓이라는 표현으로 바꿨습니다. 덕분에 나비 효과는 많은 사람에게 카오스 이론에 관한 깊은 인상을 남겼고, 로렌츠는 지금도 카오스 이론의 아버지로 불린답니다.

날씨 예보가 자꾸 틀리는 이유

현대에 들어서는 슈퍼컴퓨터를 이용해 날씨를 예보하고 있습니다. 우리나라 기상청에서도 슈퍼컴퓨터로 미래 날씨를 시뮬레이션하여 수치 예보를 하고 있는데 날씨 예보는 쉽지 않습니다. 성능이 좋은 슈퍼컴퓨터만 개발된다고 이를 해결할 수는 없어요. 날씨를 만들어 내는 대

요즘 슈퍼컴퓨터로 미래 날씨를 시뮬레이션해 예측하지만, 날씨 예보는 쉽지 않다. 바로 나비 효과 때문이다.

기가 하나의 커다란 비선형 동역학계이기 때문입니다.

그렇다면 비선형 동역학계란 무엇일까요? 먼저 동역학은 물체에 작용하는 힘과 운동의 관계를 연구하는 학문입니다. 원래 뉴턴이 복잡한 천체의 움직임을 설명하려는 과정에서 시작됐답니다. 비선형계는 원인과 결과가 비례해 결과를 예측할 수 있는 선형계와 다릅니다. 원인과 결과의 관계가 비례하지 않고 아주 복잡한 함수로 나타나 예상하지 못하는 변화를 만들어 냅니다.

비선형 동역학계를 다루는 방정식은 무척 복잡해서 정확한 답을 구하기가 거의 불가능한데 이런 방정식을 비선형 방정식이라고 합니다. 다행히 컴퓨터가 발달한 덕분에 과거에 풀 수 없었던 비선형 방정식의 근삿값을 구할 수 있게 됐답니다. 수많은 계산을 반복해 원하는 답을 찾아내는 방식인데 이를 '수치 해석법'이라고 합니다.

슈퍼컴퓨터를 이용한 수치 해석법 덕분에 근삿값을 바탕으로 날씨 예보는 어느 정도 할 수 있게 됐습니다. 문제는 대기라는 비선형 동역학계의 초기 상태를 정확히 측정할 수 없어서 반드시 오차가 생겨나고 더구나 이 오차가 증폭된다는 사실입니다. 이로 인해 전문가들은 장기간의 날씨 예보가 불가능하다고 설명합니다. 날씨 예보의 경우 이틀 정도가 한계라고 하는데, 이는 컴퓨터의 성능이 수천 배 더 강력해지더라도 나비 효과 때문에 날씨를 완벽하게 예측할 수 없다는 뜻입니다.

나비 모양의 '이상한 끌개'

복잡계 연구, 특히 카오스 이론 연구는 물체의 운동을 기하학적 형태로 시각화하는 작업이 매우 중요합니다. 100년 전 푸앵카레가 위상 공간을 발명하면서 물체의 운동 상태에 관한 기하학적인 해석이 시작됐습니다. 위상 공간은 물체의 운동 상태를 나타내는 수학적 가상 공간을 뜻합니다. 푸앵카레가 물체의 운동 상태를 담고 있는 미분 방정식을 푼 뒤, 이를 위상 공간에 그려 넣었더니 특정한 궤적이 나타났어요. 놀랍게도 이 궤적은 시간의 흐름에 따라 한 점이나 기하학적 형태로 모였답니다. 이 점이나 기하학적 형태를 '끌개(attractor)'라고 합니다.

끌개는 불규칙한 운동을 일정한 패턴으로 이끌어 가는 존재라고 할 수 있습니다. 즉 동역학계에서 시간 변화에 따라 초기 상태에 상관없이 최종 상태가 근접하게 되는 구역을 말합니다. 위상 공간에서 물체의 운동 상태는 초깃값이 다르더라도 결국 끌개로 이끌리게 됩니다. 끌개의 형태가 어떤 종류인지 안다면 그 운동 상태가 위상 공간에서 어떻게 변할지 예측할 수 있어요. 예를 들어 동력학계에서 모든 안정적 끌개는 모두 점이나 고리 같은 형상을 보이게 된답니다.

1963년 미국의 기상학자 에드워드 로렌츠는 흥미로운 끌개를 발견했습니다. 대기 변화를 설명하는 비선형 미분 방정식을 컴퓨터로 풀어서 위상 공간에 그렸더니, 재밌는 일이 벌어졌습니다. 변수가 3개인 방정식의 해는 x, y, z축으로 이루어진 위상 공간의 좌표계에서 복잡하지만 일정한 패턴을 보였는데, 놀랍게도 그 모양이 두 날개를 펼친 나비를 닮은 기하학적 구조로 나타났던 것입니다. 이를 '이상한 끌개(strange attractor)' 또는 '로렌츠 끌개(Lorenz attractor)'라고 합니다. 로렌츠가 기상 현상 모델에서 카오스 이면의 규칙성 구조

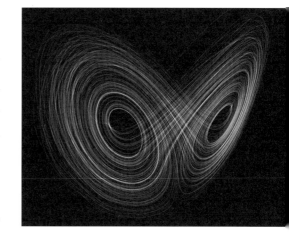

미국의 기상학자 에드워드 로렌츠가 기상 예측 시뮬레이션을 하다가 처음 발견한 '이상한 끌개'. 그의 이름을 따서 '로렌츠 끌개'라고 부른다. 신기하게도 나비가 날개를 펼친 모양을 하고 있다.

를 발견한 것이에요. 이는 카오스 연구의 돌파구를 마련했다는 평가를 받는 사건으로 기록됐습니다.

이상한 끌개는 패턴이 복잡해 보이지만, 결국 일정한 범위에 머물며 반복된 움직임을 보인다는 특징이 있습니다. 예를 들어 로렌츠 끌개를 살펴보겠습니다. 나비의 두 날개를 닮은 부분을 자세히 들여다보면 수많은 날개는 각각이 비슷한 모양으로 반복되며 전체적으로 동일한 형태를 띠고 있어요. 바로 여기서 프랙털(fractal) 구조를 발견할 수 있답니다. 프랙털이란 작은 구조가 전체 구조와 비슷한 모양으로 끝없이 반복되는 구조를 말합니다. 부분과 전체가 똑같은 형태를 띠고 있는 '자기 닮음'이 특징입니다. 대표적인 예는 해안선인데, 일정 부분을 확대해 보면 전체와 똑같은 배열이 나타납니다. 다른 형태의 이상한 끌개 역시 복잡하지만 프랙털 패턴을 보여 줍니다.

카오스 현상에서 발견한 보편 상수

1970년대부터 미국과 유럽의 몇몇 과학자는 복잡계, 특히 카오스 문제를 해결할 방법을 찾기 시작했습니다. 수학자, 물리학자뿐만 아니라 생리학자, 생태학자, 경제학자 등이 서로 다른 종류의 불규칙성 사이에서 연관성을 발견하려고 노력했죠. 예를 들어 생리학자는 돌연사의 주요 원인인 심장 활동의 불규칙성에서 놀라운 질서를 찾아냈고, 생태학자는 집시 나방의 개체수 증가와 감소를 연구했답니다. 경제학자는 주가 변동 자료를 조사해 새로운 분석을 시도했습니다. 여기서 얻은 통찰은 구름 모양, 번갯불 경로, 은하의 성단, 혈관의 미세한 뒤얽힘 등 자연계로 이어졌습니다.

1984년 미국 산타크루즈 캘리포니아대학 물리학자 로버트 쇼는 수도꼭지의 물방울에서 카오스 현상을 연구했습니다. 수도꼭지에서 똑똑 떨어지는 물방울을 관찰한 결과 물방울 사이의 시간 간격이 카오스적이라는 사실을 알아냈답니다. 수도꼭지를 아주 조금 돌리면 물방울이 똑-똑 떨어지다가, 조금 더 돌리면 물방울이 똑-똑-똑-똑 빨리 떨어지고, 조금 더 빨리 떨어지게 하면 8개의 물방울로 구성된 패턴이 관찰됩니다. 이를 통해 물방울의 패턴이 반복되는 수가 계속 2배씩 증가한다는 사실을 발견했습니다. 또 주기가 2배씩 증가할수록 물방울이 떨어지는 시간 간격이 점점 감소했어요. 다시 말해 물방울이 떨어지는 속도가 점점 빨라지는 것입니다. 결국 물방울이 떨어지는 속도가 무한히 빨라지면, 어떤 물방울의 순서도 정확히 같은 패턴을 반복하지 않습니다. 카오스가 만들어진 것입니다. 이렇게 주기가 2배씩 증가하는 카오

나방의 개체수 증감을 나타내는 방정식을 풀다 보면, 번식률(r)이 높아짐에 따라 다음 세대 개체수의 주기가 2배씩 증가하다가 카오스 상태에 빠진다. 이를 '주기 배가 분기'라고 한다. © PAR/wikimedia

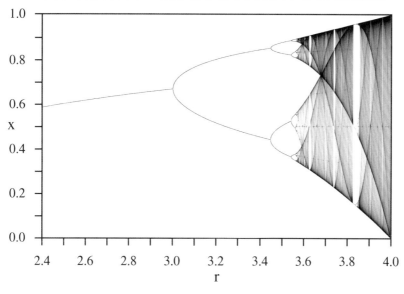

모든 카오스 시스템에서 보편 상수를 발견한 미국의 수리 물리학자 미첼 파이겐바움. 이 상수는 '파이겐바움 상수'라고 한다. 사진은 2006년 덴마크 닐스 보어 연구소에서 토론하는 모습. © Predrag Cvitanović/Flickr

스 현상을 '주기 배가 분기(period doubling bifurcation)'라고 합니다.

이보다 앞선 1976년 호주의 수리 생물학자 로버트 메이(Robert May)는 나방의 개체수 증감을 나타내는 방정식을 연구하다 '주기 배가 분기'를 마주했습니다. 이 방정식은 현세대 개체수와 개체군 사이 번식률의 관계로 다음 세대 개체수를 구하는 식이랍니다. 일종의 개체수 변화 모형이라고 할 수 있습니다. 이 모형에 따르면 다음 세대 개체수는 번식률이 증가함에 따라 두 값(2주기), 네 값(4주기), 여덟 값(8주기) 등의 사이에서 진동합니다. 이처럼 주기가 두 배씩 증가하다가 번식률이 어느 이상이 되면 카오스 상태가 된답니다. 놀랍게도 번식률에 따른 개체수의 변화를 나타낸 그림(분기 다이어그램)을 살펴보면, 프랙털을 발견할 수 있습니다. 분기 다이어그램의 일부분을 확대하면 처음과 똑같은 구조를 갖고 있기 때문입니다.

미국의 수리 물리학자 미첼 파이겐바움(Mitchell Jay Feigenbaum)은 메이의 개체수 변화 모형을 살펴보다가 놀라운 발견을 했습니다. 번식률이 증가할수록 주기 배가 사이의 간격이 어떻게 변화하는지 자세히 조사했더니, 한 간격과 다음 간격 사이에 일정한 비가 존재한다는 사실을 알아냈던 것입니다. 그 비율은 4.669201609…… : 1이었답니다. 4.669201609……라는 수는 '파이겐바움(Feigenbaum) 상수'라고 합니다. 더욱 놀라운 것은 개체수 변화 모형뿐만 아니라 모든 카오스 계가 같은 비율로 분기한다는 사실입니다. 파이겐바움이 발견한 보편 상수는 받아들이기에 너무 충격적이라 유수한 학술지로부터 게재를 거절당했으며, 수년이 지난 1978년에야 비로소 게재될 수 있었다고 합니다. 수학적 카오스가 자연계에서 보편적으로 나타난다는 사실을 보여 주는 엄밀한 이론적 연구가 인정받는 순간이었어요. 이를 통해 카오스 연구가 과학의 주류에 편입되는 계기가 마련됐답니다.

파이겐바움 상수는 카오스라는 눈을 통해서만 볼 수 있는 자연의 패턴입니다. 수도꼭지에서 물방울이 불규칙한 패턴으로 떨어지는 카오스 현상에서도 파이겐바움 상수를 발견할 수 있습니다. 물방울이 떨어지는 패턴의 주기가 2배씩 늘어날 때마다 수도꼭지를 돌려야 하는 양은 약 4.669배로 줄어들거든요.

복잡계 연구의 다양한 활용

복잡계 과학은 전통적 과학관에 관한 단순한 반란에서 더 나아갔습니다. 비평형성과 불안정성을 다루는 비선형 과학이라는 새로운 방법론을 활용해 주류 과학의 대안으로 떠오르고 있습니다. 비선형 과학은 입력에 관해 출력이 비례해서 나타나지 않는 현상을 연구하는 학문입니다. 이제 복잡계 과학이라는 새로운 눈으로 세상을 바라봐야 합니다.

실제로 복잡계 현상, 특히 카오스 현상은 자연 과학, 공학, 사회 과학 등 다양한 분야에서 발견됩니다. 예를 들어 수도꼭지에서 떨어지는 물방울, 그네의 움직임, 복잡한 해안선, 눈송이 결정, 개체수 변동부터 심장 박동의 불규칙한 리듬, 뇌파 유형, 정신 분열증 환자의 안구 움직임, 기상 예측, 주식 변동, 교통량 변화까지 수없이 많습니다. 이런 문제는 그동안 어느 분야에서도 주류 과학자들이 관심을 두지 않던 문제였지만, 이제 복잡계 이론, 특히 카오스 이론 또는 비선형 과학을 통해 여러 분야가 함께 다루는 문제가 됐습니다.

의학 분야에서는 뇌나 심장에서 불규칙하게 발생하는 전기 신호를 방지해 간질, 뇌졸중이나 심장 발작을 예방하기도 합니다. 포스텍 물리학과 김승환 교수는 카오스 이론으로 뇌를 연구하는데, 뇌에서 나오는 전기 신호의 패턴을 분석해 간질이 생기는 부위를 찾아냈습니다. 또 간질 환자의 뇌파를 측정해 발작이 나타나기 전 뇌파에 특이한 변화가 생긴다는 사실도 밝혀냈습니다.

복잡계 현상, 특히 카오스 현상은 수도꼭지에서 떨어지는 물방울부터 불규칙한 심장 박동, 주식 변동까지 다양한 분야에서 발견된다. 이를 이용해 질병을 예방하거나 경제를 설명할 수 있다.

카오스는 인터넷 통신에서 중요한 보안에도 이용될 수 있습니다. 인터넷 통신으로 쇼핑이나 금융 거래를 할 때 암호화 시스템이 사용되는데요, 암호 알고리즘에 카오스 신호를 적용하면 해킹이 불가능하답니다. 대구경북과학기술원(DGIST) 김칠민 교수는 레이저에 카오스 이론을 적용해 암호를 만드는 연구를 했습니다. 레이저에서 나오는 불규칙한 신호를 제어해 이를 바탕으로 비밀 통신 방법을 개발한 것입니다.

또한 복잡계 경제학이라는 분야가 있을 정도로 경제학에서 카오스 연구가 활발합니다. 카오스 이론으로 주가 변동을 예측하는 것은 기본입니다. 미국 산타페연구소의 브라이언 아서(Brian Arthur)는 금융 시장에서 작은 마구잡이성 사건들이 크게 증폭될 수 있으며, 생산 규모가 커짐에 따라 평균 비용이 줄어들 수 있다고 주장했습니다. 이는 기존 경제학 가설에 정면으로 도전하는 새로운 시도입니다.

본격! 기후 예측 모델을 개발하다

기후 시스템은 대표적 복잡계

노벨위원회는 미국 프린스턴대학 마나베 슈쿠로 교수와 독일 막스 플랑크 기상연구소 클라우스 하셀만 연구원이 기후 모델을 개발해 인류가 기후에 어떻게 영향을 미치는지에 관한 지식의 토대를 마련했다고 밝혔습니다. 날씨와 기후를 좌우하는 바람과 물은 옛날부터 움직임을 예측하기 힘든 존재로 여겨져 왔어요. 현대에 와서도 기후 시스템을 연구하고 있지만, 기후는 다양한 요소가 상호 작용하는 복잡계이기 때

온실 효과의 원리

태양에서 지구로 들어온 빛이 일부가 반사되지만, 상당량이 지표에 흡수됐다가 적외선(열)으로 바뀐다. 이 복사열은 이산화탄소를 비롯한 온실 가스에 흡수돼 온실 효과를 일으킨다.

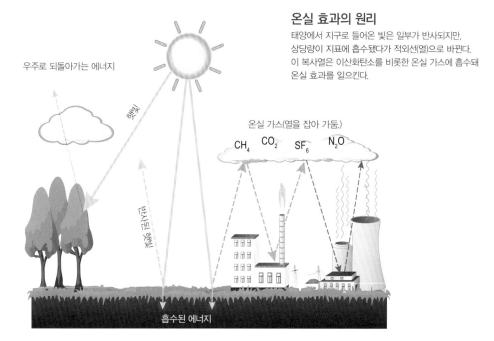

우주로 되돌아가는 에너지

햇빛

따사로운 햇빛

온실 가스(열을 잡아 가둠.)

CH_4 CO_2 SF_6 N_2O

흡수된 에너지

문에 이해하기 쉽지 않습니다. 두 사람은 복잡계 연구를 통해 지구 기후 시스템의 변화를 이해할 수 있는 도구, 즉 기후 모델을 개발했다는 평가를 받았습니다.

기후는 대표적인 복잡계로 알려져 있습니다. 초깃값의 작은 편차가 며칠 뒤에 큰 차이를 발생시키지요. 이른바 나비 효과 때문입니다. 과학자들은 지난 몇백 년 동안 날씨와 기후라는 복잡계의 상호 작용을 이해하고자 애써 왔습니다.

1824년 프랑스의 수학자이자 물리학자인 조제프 푸리에(Jean Baptiste Joseph Fourier)는 온실 효과를 처음 제시했습니다. 그는 태양이 지표면에 보내는 빛(태양 복사)과 지표면으로부터 나오는 복사(열) 사이의 에너지 균형을 연구했습니다. 연구 결과 태양 복사가 지표면에 도달한 뒤 지표면에서 열(적외선)로 바뀌어 대기에 흡수된다는 점을 확인했는데, 이른바 온실 효과입니다.

하지만 실제 대기에서 일어나는 복사 과정은 좀 더 복잡해요. 지난 200년간 과학자들은 이 복잡한 과정의 비밀을 풀고자 노력해 왔는데, 결국 현대에는 물리학 법칙을 바탕으로 한 기후 모델을 탄생시켰습니다. 이는 지구 기후뿐만 아니라 인간에 의한 지구 온난화도 이해하는 데 강력한 도구로 이용되고 있습니다. 최근 유엔 산하 '기후 변화에 관한 정부간 협의체(IPCC)' 보고서에서 공개하는 미래 기후 변화 시나리오는 현대 기후 모델인 '전 지구 기후 모델'의 예측에 따라 나온 결과입니다.

기후 모델의 시초를 열다

마나베 교수가 만든 물리 모델은 현존하는 많은 기후 모델의 기초가 됐습니다. 그는 현재 기후 변화를 예측하는 데 필수적인 도구인 '전 지구 기후 모델'을 개발할 수 있도록 길을 연 기후 모델의 창시자인 셈입니다. 특히 마나베 교수는 대기와 해양이 모두 포함된 기후 모델을 처음 만든 과학자예요. 또 지구 온난화의 원인을 정량적으로 설명한 것도 그의 주요 업적 중 하나랍니다.

1950년대 마나베 교수는 전쟁으로 황폐해진 일본을 떠나 미국으로 가서 연구하기 시작했어요. 그는 지구 대기에 늘어나는 이산화탄소의 양이 지구 온도를 어떻게 높이는지 이해하고자 노력했습니다. 1960년대 그는 대류로 인한 공기 덩어리(기단)의 수직 수송과 수증기 잠열

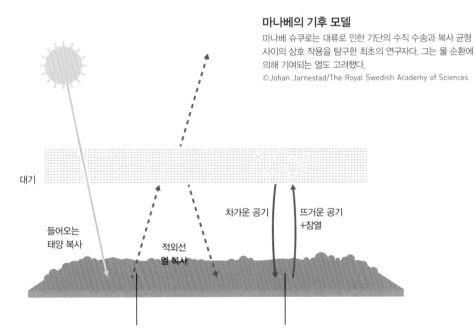

마나베의 기후 모델
마나베 슈쿠로는 대류로 인한 기단의 수직 수송과 복사 균형 사이의 상호 작용을 탐구한 최초의 연구자다. 그는 물 순환에 의해 기여되는 열도 고려했다.
©Johan Jarnestad/The Royal Swedish Academy of Sciences

대기

들어오는
태양 복사

적외선
열 복사

차가운 공기

뜨거운 공기
+잠열

지표의 적외선 열 복사는 부분적으로 대기에 의해 흡수되어 공기와 지표를 데우고, 일부는 우주로 방출된다.

뜨거운 공기는 차가운 공기보다 가볍기 때문에 대류를 통해 상승한다. 또한 강력한 온실 가스인 수증기를 운반한다. 공기가 따뜻할수록 수증기 농도가 높아진다. 더 나아가 대기가 더 차가운 곳에서는 구름 방울이 형성되면서 수증기에 저장된 잠열이 방출된다.

을 통합하는 물리 모델, 즉 일종의 기후 모델을 개발하는 작업을 주도했습니다. 1967년에는 이산화탄소 같은 온실 가스가 증가할 때 지표면과 대기의 온난화 정도를 예측하는 논문을 발표했습니다. 구체적으로 이산화탄소의 양이 2배 증가할 때 지구 표면의 대기 온도가 2.3℃ 정도 상승할 것으로 추정했답니다.

또한 마나베 교수는 자신의 모델을 이용해 온실 가스의 양이 증가하면 대류권 온도는 높아지지만, 성층권에서는 오히려 온도가 떨어진다는 사실을 제시했습니다. 만일 온실 가스가 아니라 태양 복사가 지구 온도 상승의 원인이었다면 전체 대기가 동시에 가열돼야 한다는 분석이 나왔겠죠. 지구 대기에서 대류권은 지표에 가까이 있어 기상 현상이 일어나는 영역이고, 성층권은 대류권의 상층에 자리한 영역입니다. 마나베 교수가 제시한 이런 기온 반응 패턴은 이후 실제 관측에서 증명됐습니다.

결국 마나베 교수는 물리학의 기본 법칙인 질량 보존, 운동량 보존, 에너지 보존을 바탕으로 가상의 지구를 시뮬레이션하는 컴퓨터 코드인 '전 지구 기후 모델'을 개발하는 데 중요한 기틀을 마련했습니다. 현재 전 지구 모델은 인간 활동에 의해 온실 가스가 증가하는 양과 추이에 따라 미래 기후 변화를 예측하는 데 큰 역할을 하고 있습니다.

기후 변화의 '지문'을 찾아서

지구 기후 시스템은 대기, 지표, 해양, 빙하, 생물권 같은 요소가 유기적으로 얽혀 서로 영향을 주고받는 복잡계랍니다. 1960년대 미국의 기상학자 에드워드 로렌츠(Edward Norton Lorenz)는 미래 대기 상태를 예측하는 일이 카오스 상태임을 발견했습니다. 즉 장기간의 미래 기후를 예측하는 일이 거의 불가능하다는 주장이었죠. 나비 효과 때문에, 방정식을 풀려고 처음에 입력하는 현재 정보에 매우 작은 오차만 있어도 이를 통해 예측되는 미래 상태는 완전히 달라질 수 있으니까요.

이런 문제를 해결한 과학자가 바로 클라우스 하셀만(Klaus Fer -dinand Hasselmann) 연구원이랍니다. 그는 단기적으로 날씨가 변화무쌍하더라도 기후 모델이 제시하는 미래 예측은 신뢰할 수 있다는 사실을 이론적으로 증명했습니다. 하셀만 연구원은 계산하기 어려웠던 빠르고 혼란스러운 날씨 변화를 능가하는 방법을 찾아 날씨와 기후를 연결하는 데 성공했답니다. 즉 그는 혼란스럽게 변하는 기상 현상이 급격히 변하는 잡음(noise)으로 어떻게 설명될 수 있는지, 날씨의 급격한 변화를 계산에서 잡음으로 통합하고 이 잡음이 기후에 어떻게 영향을 미

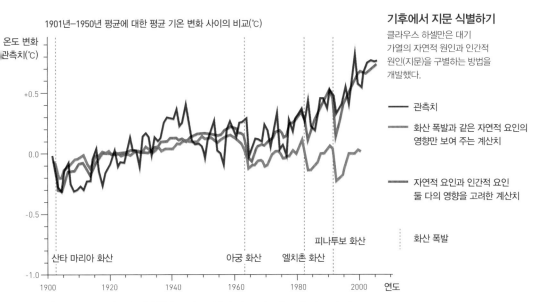

기후에서 지문 식별하기
클라우스 하셀만은 대기 가열의 자연적 원인과 인간적 원인(지문)을 구별하는 방법을 개발했다.

—— 관측치

—— 화산 폭발과 같은 자연적 요인의 영향만 보여 주는 계산치

—— 자연적 요인과 인간적 요인 둘 다의 영향을 고려한 계산치

화산 폭발

자료: Hegerl and Zweirs (2011) Use of models in detection & attribution of climate change, WIREs Climate Change. ⓒJohan Jarnestad/The Royal Swedish Academy of Sciences

치는지를 보여 줌으로써 장기 예보를 확고한 과학적 기반에 두었습니다.

1979년 하셀만 연구원은 확률론적 기후 모델을 고안해 논문으로 발표했습니다. 여기서 그는 아인슈타인의 '브라운 운동(액체나 기체 안에서 움직이는 작은 입자의 불규칙한 운동)' 이론을 이용해 빠르게 변하는 대기가 바다에서 느린 변화를 일으킬 수 있음을 설명했습니다. 다시 말해 변화무쌍한 날씨로부터 천천히 변하는 해양의 자연 변동성이 나타날 수 있음을 증명한 것입니다.

또 하셀만 연구원은 관측된 지구 기온에 관한 인간의 영향을 식별하는 방법을 개발했습니다. 1993년에 발표한 논문에서 그는 기후 변화 신호에서 각각의 인자가 미친 영향을 구별하는 '지문법(fingerprint approach)'를 제시했습니다. 온실 가스, 에어로졸, 태양 복사, 화산 입자처럼 인위적이거나 자연적인 요인이 각자 고유한 기후 변화를 일으켜 시공간에 '지문'을 남긴다는 점에 착안해 인간이 기후 시스템에 미치는 영향을 증명하는 방법을 개발한 것입니다. 이를 통해 실제 관측치와 기후 모델 시뮬레이션 결과를 비교할 수 있게 됐어요. 인간이 배출한 온실 가스와 에어로졸이 기후에 얼마나 영향을 가하는지 알 수 있게 된 것입니다.

마나베 교수와 하셀만 연구원의 연구 성과 덕분에 현대적인 기후 모델이 개발됐습니다. 인간 활동에 따른 미래 기후 변화를 예측할 수 있게 된 것입니다. 두 사람은 기후 변화가 인류에게 닥친 위기임을 밝혀내는 데 선구자 역할을 했어요. 실제로 '기후 변화에 관한 정부간 협의체(IPCC)'의 초기 보고서 발간에도 큰 역할을 했습니다. 마나베 교수는 IPCC 1차, 3차 보고서에 참여했고, 하셀만 연구원은 IPCC 1차, 2차, 3차 보고서에 참여했으니까요.

본격! 물질의 복잡계 현상을 파헤치다

무질서한 복잡계 물질

2명의 기후과학자와 함께 노벨 물리학상을 받은 이탈리아 로마 사피엔자대학 조르조 파리시 교수는 통계 물리학자입니다. 파리시 교수의 연구는 기후 모델과 직접 관계가 없지만, 복잡계에 관한 이해를 넓혔다는 점에서 마나베 교수, 하셀만 연구원의 업적과 공통점을 지녔습니다. 복잡계는 기후뿐만 아니라 물질에서도 발견되거든요. 노벨위원회는 파리시 교수의 연구에 관해 물질에 존재하는 전자의 무질서한 것처럼 보이는 현상에서 숨겨진 패턴을 찾아냈다고 평가했습니다.

복잡계에 관한 현대 연구는 19세기 후반에 제임스 맥스웰(James Clerk Maxwell), 루트비히 볼츠만(Ludwig Eduard Boltzmann), 윌러

무질서한 복잡계에 대한 수학

상자 안에 든 동일한 원반 여러 개를 사방에서 압착하는 경우를 생각해 보자. 단 정확히 같은 방식으로 여러 번 압착한다. 압착할 때마다 불규칙한 패턴이 생겨나는데, 매번 그 패턴이 새롭다. 왜 그럴까? 조르조 파리시는 이들 원반이 나타내는 무질서한 복잡계에서 숨겨진 구조를 발견하고 수학적으로 설명하는 방법을 찾아냈다.

© Johan Jarnestad/The Royal Swedish Academy of Sciences

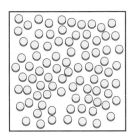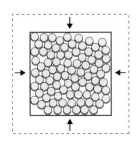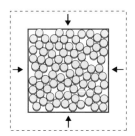

드 기브스(Josiah Willard Gibbs)가 개발한 통계 역학(통계 물리학)에 뿌리를 두고 있습니다. 통계 역학은 수많은 입자로 구성된 기체나 액체 같은 시스템을 설명하는 데 필요한 새로운 형태의 방법에서 발전했습니다. 이 방법은 마구잡이로 움직이는 입자를 고려해서 각 입자를 하나씩 연구하는 대신 입자의 평균 효과를 계산하는 것이 기본 아이디어였죠. 예를 들어 기체 온도는 기체 입자의 에너지 평균값에 관한 척도라고 봅니다. 통계 역학은 온도, 압력 같은 기체 및 액체의 거시적 특성에 관해 미시적 설명을 제공하기 때문에 큰 성공을 거두었습니다.

기체 입자는 온도가 높을수록 빠른 속도로 날아다니는 작은 공으로 간주할 수 있습니다. 온도가 내려가거나 압력이 높아지면 그 공들은 액체로 응축된 뒤 다시 고체로 응축되는데, 고체는 공들이 구성하는 결정입니다. 변화가 천천히 진행되면 고체는 규칙적 패턴을 보이지만, 변화가 급격하면 불규칙한 패턴이 형성될 수 있어요. 예를 들어 매우 뜨거운 유리를 액체로 만들고 갑자기 찬물에 집어넣으면 안에 있는 유리 분자가 제자리를 못 잡고 아무 곳에나 가서 굳는 현상이 발생합니다. 흥미롭게도 같은 방식으로 실험을 반복해도 불규칙한 패턴은 매번 새로운 패턴으로 나타납니다. 왜 그럴까요?

이 응축된 공들은 모래 또는 자갈 같은 알갱이 재료와 일반 유리에 관한 간단한 모델입니다. 그런데 파리시 교수는 '스핀 글라스(spin glass)'라는 물질을 대상으로 이와 비슷한 문제를 고민했어요. 스핀 글라스란 비(非)자성체에 자성을 띤 불순물을 섞었을 때 복잡한 현상이 나타나는 시스템입니다. 파리시 교수는 스핀 글라스를 연구해 겉보기에 무작위적인 현상이 숨겨진 규칙에 따라 어떻게 지배되는지에 관한 발견 성과를 1980년경 발표했어요. 그의 연구는 이제 복잡계 이론에 관한 중요한 공헌 중 하나로 평가받습니다.

쩔쩔매는 '스핀 글라스'

스핀 글라스는 비(非)자성체에 자성을 띤 불순물이 섞인 특별한 유형의 금속 합금입니다. 예를 들어 격자로 배열된 구리 원자에 철 원자가 마구잡이로 섞인 스핀 글라스를 생각해 보겠습니다. 각각의 철 원자는 작은 자석(스핀)처럼 행동하는데, 주변의 다른 자석과 상호 작용을 합니다. 일반 자석에서는 모든 스핀이 같은 방향을 가리키지만, 스핀 글라스에서 스핀들은 어떤 방향을 가리킬지 몰라 쩔쩔맨답니다. 이를 '쩔쩔맴 현상'이라고 합니다.

국내 복잡계 전문가인 한국에너지공과대학 에너지 공학과 강병남

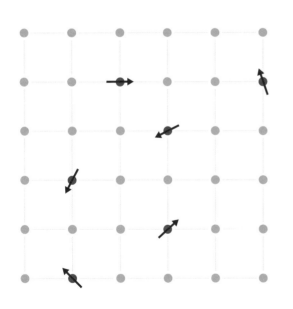

스핀 글라스

스핀 글라스는 예를 들어 철 원자가 구리 원자 격자에 무작위로 혼합된 금속 합금이다. 각각의 철 원자는 주변의 다른 자석의 영향을 받는 작은 자석, 즉 스핀처럼 작동한다. 하지만 스핀 글라스에서 쩔쩔매며 가리킬 방향을 선택하는 데 어려움을 겪는다. 파리시는 스핀 글라스에 관한 자신의 연구를 이용해 다른 많은 복잡계를 포괄하는, 무질서하고 무작위적인 현상에 대한 이론을 개발했다.
©Johan Jarnestad/The Royal Swedish Academy of Sciences

● 철
● 구리

석학 교수는 '쩔쩔맴 현상'을 다음과 같은 비유로 설명했습니다. 한 공간에 세 사람이 있고 각자 빨간 옷과 파란 옷을 갖고 있는데, 두 사람이 만날 때는 상대와 같은 색 옷 입기를 꺼려서 한 사람은 빨간 옷을, 다른 한 사람은 파란 옷을 입습니다. 그렇다면 세 사람이 모일 경우는 어떤 일이 벌어질까요? 이때는 빨간 옷이나 파란 옷을 입은 사람이 2명 생기므로 서로 쩔쩔매며 난감해할 것입니다.

스핀 글라스에서는 스핀이 위 또는 아래라는 두 가지 상태로 놓일 수 있는데요, 서로 각자 다른 상태를 가리키고 싶어 하는 성질이 있죠. 수없이 많은 스핀이 있다면 어떻게 될까요? 예를 들어 하나의 스핀이 위를 가리키면 다른 하나가 반대 방향을 가리킬 텐데, 또 다른 스핀은 어떻게 최적의 방향을 찾을까요?

1970년대 많은 물리학자가 스핀 글라스의 별난 특성을 설명하는 방법을 찾았지만 쉽지 않았습니다. 1979년 파리시 교수는 '복제품 비법(replica trick)'을 이용해 스핀 글라스 문제를 해결할 수 있는 결정적인 돌파구를 마련했습니다. 복제품 비법은 시스템의 많은 사본(복제품)을 동시에 처리하는 수학적 기술인데요, 파리시 교수가 복제품에 숨겨진 구조를 발견하고 수학적으로 설명하는 방법을 찾아낸 것입니다. 파리시 교수의 해결책이 수학적으로 정확한 것으로 입증되는 데는 몇 년이 걸렸습니다. 그 이후 이 방법은 많은 무질서한 시스템에 적용됐고, 복잡계 이론의 초석이 됐답니다.

SNS 속 의견 대립에서 찌르레기 떼창까지 적용

파리시 교수는 스핀 글라스에 관한 자신의 책 서문에서 스핀 글라스 연구를 셰익스피어 희곡의 인간 비극을 보는 것 같다고 썼습니다. 두 사람과 동시에 친구가 되고 싶지만, 그 둘이 서로 미워한다면 답답하겠죠. 격정적인 친구와 적이 무대에서 만나는 고전 비극이라면 더 그럴 것입니다. 실제로 쩔쩔맴 현상은 스핀 글라스 같은 물질의 스핀들 사이의 관계뿐만 아니라 사람들 사이의 의견 대립에서도 찾아볼 수 있습니다.

파리시 교수가 제시한 스핀 글라스 해결책(복제품 비법)은 사회 현상에도 적용할 수 있습니다. 예를 들어 A는 B를 좋아하고 B는 C를 좋아하는 데 비해 A와 C가 서로 싫어하는 경우 이 세 사람이 함께 모이면 곤란할 때 어떻게 움직이게 될지에 관한 문제를 풀 수 있습니다. 최근에는 빅데이터를 활용해 사람들이 모일 때 어떤 구조가 생기는지, 어떤 일이 발생하는 빈도가 얼마나 되는지 파악하는 데 이를 응용한 것입니다. 복제품 비법은 오늘날 소셜 네트워크 서비스(SNS) 속 의견 대립, 기상 현상, 신경망에서의 신호 전달처럼 여러 형태의 복잡계에 적용될 수 있습니다.

특히 노벨위원회는 파리시 교수의 연구가 물리학뿐만 아니라 수학, 생물학, 신경 과학, 인공 지능(기계 학습)과 같은 다양한 영역에 관한 설명을 가능케 한다고 평가했습니다.

파리시 교수는 또한 무작위 과정의 구조 생성 및 발전에 기여하는 다른 현상도 연구했어요. 예를 들면, 왜 빙하기가 주기적으로 반복될까요? 카오스와 난류 시스템에 관해 좀 더 일반적인 수학적 설명이 있나요? 또는 수천 마리의 찌르레기 소리에서 패턴이 어떻게 발생하나요? 이러한 질문은 스핀 글라스와 거리가 멀어 보일 수 있지만 파리시 교수는 자신의 연구가 대부분 단순한 행동이 어떻게 복잡한 집단행동을 유발하는지에 관해 다루었다고 말했습니다.

확인하기

2021년 노벨 물리학상 수상자의 연구 내용이 흥미로웠나요? 조금 어렵게 느꼈을 수도 있겠지만, 기후와 물질 같은 복잡계에 관해 조금은 알게 됐을 것입니다. 자, 그럼 지금까지 살펴본 내용을 점검하는 문제를 풀어 보세요.

01 각 신경 세포의 단순한 신호 생성을 뛰어넘어 인지 활동의 밑바탕이 되는 다양하고 복잡한 패턴을 만들어 내는 생체 복잡계는 무엇일까요?
① 뇌
② 심장
③ 간
④ 척수

02 복잡계 연구의 뿌리로서 복잡하고 불규칙적이어서 미래에 실질적 예측이 불가능한 현상을 다루는 이론입니다. 무슨 이론일까요?
(   )

03 태양, 달, 지구와 같이 세 물체로 이루어진 시스템(삼체 문제)를 연구하는 과정에서 카오스를 처음 발견한 사람은 누구일까요?
① 라플라스
② 푸앵카레
③ 뉴턴
④ 아인슈타인

04 '지구상 어디에선가 나타난 조그만 변화로 인해 다른 곳에서 예측 불가능한 기상 현상이 발생할 수 있다.'는 뜻의 표현입니다. 구체적으로 무슨 효과일까요?

① 홀 효과

② 난류 효과

③ 메기 효과

④ 나비 효과

05 다음 중에서 카오스 현상과 관련이 없는 것은 무엇일까요?

① 수도꼭지에서 떨어지는 물방울

② 복잡한 해안선

③ 자유 낙하 중인 물체

④ 정신 분열증 환자의 안구 움직임

06 마나베 슈쿠로는 온실 가스의 양이 증가하면 대류권 온도는 높아지지만, 이곳의 온도는 오히려 떨어진다는 사실을 제시했습니다. 이곳은 어디일까요?

① 빙권

② 성층권

③ 열권

④ 중간권

07 클라우스 하셀만은 기후 변화 신호에서 온실 가스, 태양 복사와 같은 각각의 인자가 미친 영향을 구별하는 방법을 제시했습니다. 이를 통해 인류의 활동이 지구 온난화의 주요 원인임을 밝히는 데 공헌했습니다. 이 방법은 무엇인가요?

① 지문법

② 미분법

③ 기후법

④ 실험법

08 복잡계에 관한 현대 연구는 19세기 후반에 개발된 통계 역학(통계 물리학)에 뿌리를 두고 있습니다. 다음 중 통계 역학 개발과 관련 없는 사람은 누구일까요?

① 제임스 맥스웰

② 루트비히 볼츠만

③ 윌러드 기브스

④ 조제프 라그랑주

09 다음 중에서 스핀 글라스에서 발견되는 '쩔쩔맴 현상'과 관련이 없는 것은 무엇인가요?

① 소셜 네트워크 서비스(SNS) 속 의견 대립

② 불확정성의 원리

③ 기상 현상

④ 신경망에서의 신호 전달

10 다음은 복잡계 연구와 그 활용 분야에 관한 설명입니다. 이 중에서 틀린 것
은 무엇인가요?

① 뇌나 심장에서 불규칙하게 발생하는 전기 신호를 방지해 간질, 뇌졸중
이나 심장 발작을 예방하기도 한다.

② 레이저에서 나오는 불규칙한 신호를 제어해 이를 바탕으로 비밀 통신
방법도 개발했다.

③ 복잡계 과학은 비선형 과학이라는 새로운 방법론을 활용해 주류 과학의
대안으로 떠오르고 있다.

④ 복잡계 경제학은 카오스 이론으로 주가 변동을 예측하고 기존 경제학
가설을 지지했다.

2021 노벨 화학상

2021 노벨 화학상, 두 명의 수상자를 소개합니다!
몸풀기! 사전 지식 깨치기
본격! 수상자들의 업적
확인하기

2021 노벨 화학상 수상자, 두 명을 소개합니다!

−베냐민 리스트, 데이비드 맥밀런.

스웨덴 왕립과학원 노벨위원회는 2021년 10월 6일(현지시간) 베냐민 리스트(Benjamin List) 독일 막스플랑크연구소 교수와 데이비드 맥밀런(David W.C. MacMillan) 미국 프린스턴대학 화학과 교수를 노벨 화학상 수상자로 선정했다고 발표했습니다.

이 연구 결과를 따로 발표할 때까지도 화학자들은 촉매하면 금속과 효소 2가지로만 생각했어요. 그런데 이들이 새롭게 유기 물질을 이용한 촉매를 선보인 덕분에 다양한 의약품을 기존보다 더 쉽게 만들 수 있게 됐고, 화학 분야가 더 환경에 도움을 줄 수 있게 바뀌었습니다.

노벨위원회는 "이들이 분자를 만들기 위한 정확하고 새로운 도구인 유기 촉매를 개발한 공로를 인정했다"며 "화학을 이용한 활동을 더 친

"
비대칭 유기 촉매 개발을 위해
"

베냐민 리스트 독일 막스플랑크연구소 교수
· 1968년 독일 프랑크푸르트에서 출생.
· 1997년 독일 프랑크푸르트 괴테대학 박사 학위 받음.
· 현재 독일 콜렌포르스청 막스플랑크 연구소 소장으로
  재직 중.

데이비드 맥밀런 미국 프린스턴대학 화학과 교수
· 1968년 영국 벨실에서 출생.
· 1996년 미국 어바인 캘리포니아대학에서 박사 학위 받음.
· 현재 미국 프린스턴대학 교수로 재직 중.

환경적으로 만들고 약을 제조하는 제약 합성과 연구에 큰 영향을 미쳤다"고 선정 이유를 밝혔습니다.

촉매는 반응 중에 사라지지 않으면서 반응 속도를 높이는 물질을 말합니다. 마치 높은 산이나 고개를 넘어야 하는 일이 생겼을 때 터널을 뚫어 쉽고 빠르게 지나갈 수 있도록 하는 것처럼 어떤 반응 물질이 쉽고 빠르게 생성 물질로 바뀔 수 있도록 돕는 역할을 촉매가 하는 것이에요.

산업 분야에서 촉매가 안 쓰이는 분야가 없을 정도랍니다. 촉매는 자동차가 내뿜는 독성 있는 배기가스를 해롭지 않은 물질로 바꿔 주고 있으며, 우리 몸속에서도 효소라는 이름으로 음식을 분해해 영양과 에너지를 얻어 다양한 활동을 할 수 있도록 돕고 있습니다.

이번에 노벨 화학상을 수상한 두 과학자는 2000년에 각자 따로 연구하면서 금속과 효소에 이은 세 번째 유형의 새 촉매를 개발했습니다. '비대칭 유기 촉매'라고 부르는데 작은 유기 분자를 활용한 방법이랍니다. 마치 가솔린 자동차와 디젤 자동차 두 가지 연료 방식으로 생산되던 자동차 세계에 새로운 연료 방식으로 기존과 완전히 다른 배터리를 장착한 전기차를 제시한 것과 비슷합니다.

요한 아크비스트 노벨화학위원회 위원장은 "유기 촉매는 독창적이지만 그만큼 간단하다"며 "왜 다른 화학자들이 이런 촉매를 일찍 생각하지 못했는지 이상할 정도"라고 말했다.

유기 촉매는 탄소 원자로 이뤄져 있어서 안정적인 구조를 갖고 있습니다. 여기에 산소나 질소, 황, 인 같은 다양한 원소를 붙이기도 쉽습니다. 유기 촉매는 금속 촉매에 비해서 환경을 덜 해롭게 해서 환경친화적이고, 유기 촉매를 생산하는데 들어가는 비용도 사용하기에 유익하답니다.

특히 비대칭 유기 촉매가 널리 쓰이는 분야는 의약 분야인데, 의약품에 쓰이는 물질은 구조가 매우 복잡합니다. 그런데 이 물질을 합성하다 보면 대부분이 왼손과 오른손처럼 거울로 보면 똑같지만 물질 자체는 다른 거울상이라는 형태로 두 가지 물질이 함께 생성됩니다. 왼손과 오른손은 조금 다르지만 기능은 큰 차이가 없어요. 그런데 거울상으로 나타난 화학 물질은 훨씬 큰 차이를 보입니다. 왼손 모양은 약이지만 오른손 모양은 독약이 되는 경우가 많거든요. 그래서 이렇게 혼합해서 물질이 생성되면 분리하는 것도 일이고 제대로 분리하지 못하면 아예 쓰지도 못하게 된답니다. 이때 비대칭 유기 촉매를 이용하면 왼손 모양의 화합물만 만들거나 오른손 모양의 화합물만 만들 수 있어 매우 유용합니다.

이들이 논문을 발표한 2000년 이후 비대칭 유기 촉매는 놀라운 속도로 발전했습니다. 리스트 교수와 맥밀란 교수는 유기 촉매로 수많은 화학 반응에 이용될 수 있음을 보여 주었고, 이 분야에서 선두 주자로 활동하고 있답니다. 이들의 연구 성과를 활용해 많은 화학자가 새로운 의약품부터 태양 전지에서 광자를 붙잡는 분자까지 다양한 물질을 효율적으로 개발하고 있지요. 그만큼 비대칭 유기 촉매가 인류에게 매우 큰 도움을 주고 있습니다.

몸풀기! 사전지식 깨치기

'비대칭 유기 촉매'는 사실 화학을 전공했던 필자에게도 낯설은 이름입니다. 필자가 대학을 다니던 때인 1990년대 초는 거의 알려지지 않았던 방법이거든요. 마치 전기 자동차라는 게 쓰이지 않던 시절에 자동차 공학을 공부했던 사람에게 전기 자동차에 관해서 설명해 달라고 하는 것과 비슷하지 않을까 싶습니다.

그래서 '비대칭 유기 촉매'에 앞서 우선 촉매부터 알아보려고 합니다. 낯설고 어려운 것보다는 상대적으로 알기 쉽고 친근한 것부터 차근차근 알아가면 이해에 도움이 되거든요. 그런데 사실 보통 사람에게는 '촉매'라는 단어도 낯설어요. 대신 '효소'는 많이 들어봤을 것입니다. 특히 '소화 효소'는 아주 익숙할 거예요.

소화 효소인 아밀라아제는 침과 췌장에서 탄수화물이나 전분, 당분을 분해합니다. 위액에서 발견할 수 있는 펩신은 단백질을 폴리펩타이드로 분해하고, 락타아제는 설탕 유당을 포도당과 갈락토스로, 트립신은 폴리펩타이드를 더 작은 조각으로 분해합니다. 이처럼 소화 효소는 우리가 먹은 음식을 잘게 분해해서 소화가 잘 이뤄지도록, 즉 우리 몸이 음식물에서 영양분을 잘 흡수할 수 있도록 도와주는 물질이랍니다. 이제 효소가 도와주고 어떤 일이 잘 진행되도록 하는 물질이라는 것을 알 수 있을 것입니다. 그런데 효소도 촉매의 한 종류이므로 촉매를 효소와 동일한 개념으로 볼 수 있습니다.

촉매는 효소처럼 반응이 잘 일어나도록 돕는 물질입니다. 효소는 단백질과 같은 유기 물질로 구성돼 있어 살아있는 생명체나 생물이 있는 공간에서 주로 활동합니다. 그래서 효소가 잘 활동할 수 있는 조건도 생명체가 살기 좋은 조건과 비슷하답니다. 효소 외 촉매로 알려진 무기 촉매는 생명이 없는 공간에 주로 쓰이고, 이 둘을 모두 포함한 촉매는 자연에서 일어나는 모든 화학 반응이 잘 일어날 수 있게 돕는 역할을 한다고 보면 됩니다.

촉매도 화학 반응 과정에서 변할 수 있다?

효소와 촉매에 관해 조금 더 자세히 알고 싶은 분을 위해 사전에 나온 설명을 찾아보면, 효소는 '생물의 세포 안에서 합성되어 생체 속에서 행하여지는 거의 모든 화학 반응의 촉매 구실을 하는 고분자 화합물을 통틀어 이르는 말. 화학적으로는 단순 단백질 또는 복합 단백질에 속하며, 술·간장·치즈 따위의 식품 및 소화제 따위의 의약품을 만드는 데 쓴다'라고 되어 있습니다.

그리고 촉매는 '자신은 변화하지 아니하면서 다른 물질의 화학 반응을 매개하여 반응 속도를 빠르게 하거나 늦추는 일, 또는 그런 물질. 반응을 빠르게 하는 정촉매(正觸媒)와 반응을 늦추는 부촉매(負觸媒)가 있다'고 설명합니다.

그런데 이러한 설명은 촉매에 관한 초창기 설명에 가깝습니다. 현재는 촉매에 관해서 다양한 정보와 지식을 쌓았으며 촉매에 대한 이해가 올라가면서 과학자들은 촉매가 반응 과정에 참여할 때 촉매 자신도 변할 수 있다는 사실을 알았습니다. 다만 촉매가 없어지지는 않습니다. 그래서 국제순수응용화학연합(IUPAC)에서는 촉매를 소모되지 않으면서 반응 속도를 높이는 물질로 정의하고 있습니다. 그리고 사전 설명과 다르게 정촉매와 부촉매라는 용어를 쓰지 않고, 대신 반응 속도를 높이는 촉매와 달리 반응 속도를 낮추는 물질을 촉매와 구분하려고 억제제라고 부른답니다.

사실 백과사전과 같은 설명은 좀 딱딱하고 어려우며 과학적인 연구는 나와 거리가 있다고 생각하기 쉽습니다. 그런데 이러한 촉매 덕분에 여러분이 부모님과 멀게는 조상님보다 훨씬 편하고 건강하게 살고 있는 것입니다.

따뜻한 손난로도 촉매 덕분

요즘 추운 겨울에 학생들에게 인기 만점인 아이템은 바로 손난로죠, 주머니 난로, 핫팩이라고도 하는데, 아마 여러분도 겨울에 자주 사용할 것입니다. 핫팩은 작동 원리에 따라 충전식과 철산화식, 목탄식, 액체식처럼 종류가 다양한데, 이 중에 여러분이 주로 들고 다니며 흔들거나 주물러 쓰는 손난로는 철산화식일 가능성이 높습니다.

이 손난로는 비닐 포장을 뜯어 흔들거나 주무르면 열이 발생하기 시작하고, 보통은 3-4시간 정도 따뜻한 열을 지속적으로 발생시킵니다. 열을 10시간까지 오래 내는 핫팩도 있고 제품에 따라 40도에서 60도까지 열을 발생시키며, 고맙게도 난로 못지않은 따뜻함을 우리에게 선사한답니다. 그런데 왜 갑자기 손난로 얘기냐고요? 핫팩이 시간 열을 내며 우리 손을 따뜻하게 해 줄 수 있는 게 촉매 덕분이랍니다.

비닐 포장 안에는 부직포에 철가루와 활성탄, 소금이 밀봉된 채로 들어 있습니다. 핫팩은 밀봉된 비닐 포장을 뜯으면 안에 든 철가루가 공기 중에 있는 산소와 만나면서 산화 반응을 일으키며 열을 내기 시작합니다. 생활에서 철이 녹이 스는 현상과 비슷한데 자연에서 녹이 스는 철은 아주 천천히 녹이 슬기 때문에 뜨거운 열을 느낄 수 없습니다. 하지만 핫팩에 있는 철가루는 아주 짧은 시간에 빠르게 녹이 슬어 열을 내도록 합니다. 자연에서는 매우 천천히 일어나는 현상이 핫팩에서 아주 빠르게 일어날 수 있는 이유는 촉매 때문이지요.

부직포 주머니에 미세한 구멍이 있어 이 구멍으로 공기가 들어가면서 반응이 빨라지고 이 구멍이 커지면 금방 빨라지고 또 핫팩을 흔들거나 주무르면 철이 공기(산소)와 만나는 부분이 많아지면서 산화 환원 반응이 일어나는 부분도 많아져 금세 뜨거워집니다. 대신 사용할 수 있는 시간은 그만큼 빨리 줄어든답니다. 이처럼 촉매가 철의 반응 속도를 높여서 열이 날 정도로 녹슬도록 만드는데 여기서는 활성탄과 소금이 촉매 역할을 합니다. 어떤 핫팩은 백금 촉매와 벤젠을 이용합니다.

활성화 에너지를 낮춰 반응을 빨리 일어나게 돕는 역할

손난로 말고도 여러분이 일상생활에서 볼 수 있는 촉매 사용 사례는 무수히 많습니다. 대표적인 것이 자동차 배기가스 정화 장치인데, 요즘 여러분이 볼 수 있는 거의 모든 승용차에는 배기가스 정화 장치가 달려 있습니다. 백금과 팔라듐, 로듐 같은 촉매를 부착한 삼원 촉매 장치가 자동차가 내뿜는 일산화탄소와 탄화 수소, 산화 질소 같은 기체를 분해하며 자동차가 배출하는 공해 물질 중 98% 이상을 없애 준답니다. 즉 정화 장치에 있는 촉매를 활용해 자동차가 휘발유나 경유 같은 석유 연료를 사용하면서 배출하는 배기가스 대부분을 해롭지 않은 기체로 공기가 더 나빠지지 않도록 도와줍니다.

촉매가 화학 반응을 돕는다고 하는데, 어떻게 도와주는지 궁금할 것입니다. 우선 화학 반응에 관한 특성을 조금 알면 이해가 쉬운데 화학 반응은 반응하려는 물질이 서로 만나면서 화학 결합이 끊어지고 이어지는 과정을 거칩니다. 이때 원자 구성과 배열 방법이 바뀌면서 반응에 이용된 물질이 비슷하거나 전혀 다른 물질로 바뀌는 변화를 뜻합니다. 이런 반응이 일어나려면 일반적으로 반응 물질이 활성화하는데 필요한 에너지라고 하는 큰 활성화 에너지를 필요로 해요. 웬만큼 센 힘을 가해도 끊어지지 않을 정도로 원자의 결합 상태가 매우 단단하거든요. 이것이 자연에서 쉽게 변하지 않고 원래 모습 그대로 유지되는 이유이기도 합니다.

그런데 촉매는 반응에 필요한 에너지가 없을 때보다 크게 낮출 수 있는데 이는 마치 우리가 높은 산을 넘어야 할 때 이 산에 터널을 뚫어 빠르고 쉽게 지나갈 수 있도록 하는 효과를 발휘하는 셈입니다. 화학 반응에서 활성화 에너지는 물질이 만나는 방법에 따라 결정됩니다. 산에 뚫은 터널처럼 활성화 에너지가 작게 나타날 수 있는 반응 경로를 만들어 주면 반응이 빨라지는 것과 같습니다.

'촉매 작용(catalysis)'은 희랍어에서 유래한 말로 '분해한다'는 뜻입니다. 이처럼 촉매는 결합을 쉽게 끊어서 반응 속도를 높이는 물질이라는 의미를 담고 있지요. 정리하면 촉매는 반응 물질과 만나서 활성화 에너지가 작은 반응 경로를 만들어서 반응 속도를 높여 생성 물질이 잘 만들어지도록 하는 물질이고 이러한 현상을 촉매 작용이라고 합니다.

보통 촉매가 없을 때는 반응 물질이 큰 활성화 에너지를 활성화 착화합물을 만드는데 이 착화합물에게서 새로운 생성 물질이 만들어지면서 반응열이 촉매를 사용할 때는 반응 물질이 촉매에 달라붙어 반응하여 생성 물질을 만들고, 이들이 촉매에서 떨어지면서 반응이 정리됩니다. 그림처럼 촉매를 이용하면 없을 때보다 반응 경로가 복잡해지지만 활성화 에너지가 낮은 경로를 이용하기 때문에 속도는 촉매가 없을 때보다 매우 빨라집니다.

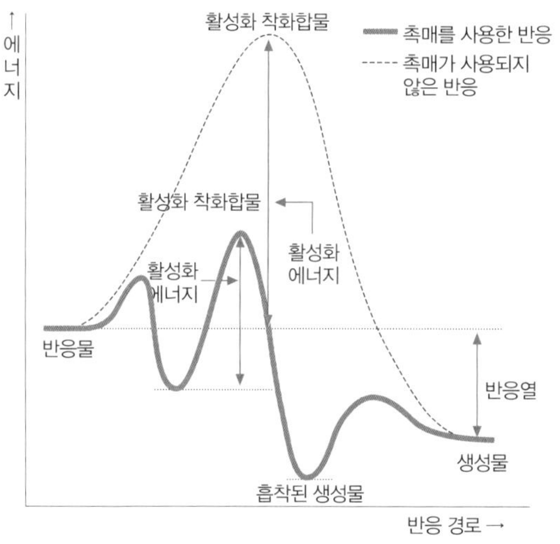

이처럼 촉매는 서로 만나기 어려운 상황에 처한 금성에 사는 남자와 화성에 사는 여자가 만나 연애나 결혼을 할 수

[그림1]

↑
에
너
지

반응물

활성화 착화합물
━━ 촉매를 사용한 반응
----- 촉매가 사용되지 않은 반응

활성화 착화합물

활성화 에너지

활성화 에너지

반응열

생성물

흡착된 생성물

반응 경로 →

있도록 돕는 중매쟁이나 친구처럼 반응 물질의 접촉을 촉진시켜 반응
이 잘 일어나도록 돕는답니다. 이 촉매는 인류에게 식량 문제를 해결하
는 데 큰 도움을 줬을 뿐 아니라 현대에 와서는 환경 오염 문제를 수소
자동차 같은 차세대 자동차를 개발하는 주역으로 활동하고 있습니다.

특별한 반응만 잘 선택하는 촉매의 매력

촉매는 같은 조건에서도 다양한 반응이 일어날 수 있을 때 필요로
하는 특별한 반응만을 선택적으로 잘 일어나게 할 수 있는 능력도 갖고
있습니다. 그래서 촉매를 연구하는 과학자는 여러 반응이 한꺼번에 일
어나는 상황에서도 자신이 필요로 하는 특정 반응 하나만 잘 일어나도
록 하는 화학 반응에서 선택성을 높이는 연구에 관심이 많습니다.

예를 들어 일산화탄소(CO)는 석유와 석탄, 도시가스가 불에 탈 때
산소(O_2)가 부족해 제대로 연소가 이뤄지지 않으면서 발생하는 유독
가스랍니다. 요즘은 연탄을 사용하는 가구가 거의 없어서 연탄이 낯설
수 있지만 1980년대만 해도 연탄을 사용하는 가구가 아주 많았답니다.
그런데 이 연탄이 종종 불완전 연소를 하면서 일산화탄소를 발생시키
며 많은 사람이 죽는 사고가 발생했습니다. 또 지구 온난화를 일으키는
주범으로 부르는 이산화탄소(CO_2)도 있습니다.

그런데 일산화탄소와 이산화탄소도 수소와 결합하면 유익한 화학물
질로 변신할 수 있답니다. 이때 어떤 촉매를 쓰느냐에 따라 만들어지는
화합물도 달라져요. 크롬(Cr)과 아연(Zn) 화합물로 된 촉매를 사용하면
강한 결합 상태를 유지하고 있는 일산화탄소에 있는 탄소 원자(C)와 산
소 원자(O) 사이의 이중 결합이 끊어지며 단일 결합이 만들어지고, 여
기에 수소 분자 2개가 결합해 메탄올(CH_3OH)이 만들어집니다. 메탄올

[그림2] 촉매가 사용된 화학 반응 과정

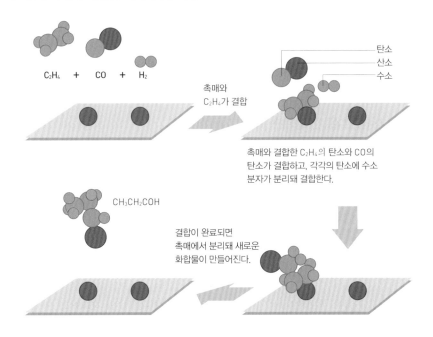

탄소
산소
수소

C_2H_4 + CO + H_2

촉매와 C_2H_4가 결합

촉매와 결합한 C_2H_4의 탄소와 CO의 탄소가 결합하고, 각각의 탄소에 수소 분자가 분리돼 결합한다.

CH_3CH_2COH

결합이 완료되면 촉매에서 분리돼 새로운 화합물이 만들어진다.

은 유기 용제나 포름알데히드의 원료, 자동차 연료에서 냉각 방지제로도 쓰입니다.

니켈(Ni) 촉매는 일산화탄소에 있는 탄소와 산소 원자의 이중 결합을 모두 끊어 버려요. 그래서 산소는 수소와 결합해 물분자(H_2O)를 만들고, 탄소는 수소와 난방용 연료로 사용하는 메탄(CH_4)으로 변신한답니다. 코발트 산화물(Co_3O_4) 촉매로 사용하면 분리된 탄소에 수소가 다양하게 붙으면서 벤젠(C_6H_6), 톨루엔($C_6H_5CH_3$), 헥산(C_6H_{14}) 같은 탄소 화합물을 만듭니다. 이처럼 촉매가 갖고 있는 특수한 선택성을 잘 쓰면 촉매에 따라 일산화탄소를 다양하고 유용한 각양각색의 유기 화합물로 바꿀 수 있답니다.

그림처럼 에틸렌에 일산화탄소와 수소를 넣은 다음, 여기에 촉매를 넣으면 에틸렌의 탄소와 일산화탄소의 탄소가 서로 만나 프로필알데히드(C_2H_5CHO)가 만들어집니다.

석유를 유용한 물질로 바꿔 주는 촉매

화학자들이 화학 반응을 돕는 촉매가 있다는 사실을 알게 된 뒤로 분자를 분해하거나 함께 결합할 수 있는 수많은 촉매를 발견했습니다. 이들이 지금까지 다양한 촉매를 찾아낸 덕분에 우리가 일상생활에서 사용하는 수천 가지의 물건이 탄생할 수 있었답니다. 플라스틱이나 음식에 들어가는 조미료, 다양한 의약품이 촉매의 도움을 받으며 만들어지고 있습니다.

촉매를 가장 많이 사용하고 있는 분야는 석유 정제, 석유 화학 제품, 고분자중합, 가스 제조, 유지 가공, 의약품, 식품 제조입니다. 석유에 촉매를 많이 사용한다는 사실이 낯설 것입니다. 석유 100L를 원료로 사용해 생활용품을 얼마나 만드는지 살펴보면 더 놀랄 거예요. 와이셔츠 20벌이나 25m² 규모의 비닐하우스 7동을 만들 수 있는 필름이 나옵니다. 또 스웨터 21벌이나 캐시미어 모포 5장을 만들 수 있고 타이어 1개, 팬티스타킹 1440켤레, 페인트 4kg와 요소 비료 50kg을 만들 수 있답니다. 이처럼 석유는 여러 단계의 화학 반응을 반복하면서 점차 복잡한 분자 구조를 가지는 최종 제품을 만드는데, 여기에 각 단계마다 다양한 촉매가 쓰이고 있습니다. 촉매가 없다면 석유가 지금처럼 여러 분야에서 쓰이기는 힘들었을 것입니다.

최근에는 공기를 깨끗하게 만들고 항균과 냄새를 제거하는 기능을 가진 광촉매가 생활에서 널리 쓰이고 있는데, 화학 반응에서 빛 에너지가 중요하게 작용해서 일어나는 촉매 반응을 통틀어 광촉매라고 합니다. 보통 화학 반응에서는 필요한 에너지를 열에너지로 얻는데 광촉매는 낮은 온도에서도 빛을 에너지로 이용해 반응을 촉진시킨답니다.

이산화 티탄(TiO_2)이 주성분인 광촉매는 대기 오염을 일으키는 원인 물질을 이산화 티탄이 들어간 촉매를 건물 외벽이나 고속도로 방음벽, 터널 벽, 지하 주차장 환기탑처럼 대기 오염 물질이 많이 발생하는 곳에 설치하면 해로운 공기를 깨끗하게 바꿀 수 있답니다. 광촉매가 여러 단계의 반응을 거치며 해로운 공기를 최종적으로 물과 이산화탄소로 바꾸며 완전하게 분해하는 셈입니다.

스웨덴 노벨위원회는 국내총생산(GDP)에서 35%가 화학 촉매 작용과 관련이 있는 것으로 추정한다고 밝혔습니다. 한 자료에서는 세계 화학 제품의 60% 정도가 촉매를 이용한 공정으로 생산되고 있다고 합니다.

금속 촉매 아니면 효소만 있던 시절

2000년까지 발견된 촉매는 금속이거나 효소였습니다. 금속은 화학 반응에서 잠깐 전자를 받아 주거나 다른 분자에게 제공하는 능력이 아주 뛰어납니다. 이런 특성은 금속이 분자 속에서 원자 사이의 결합을 느슨하게 만들어 이들의 강한 결합을 끊고 새로운 결합이 잘 이뤄지게 합니다. 그리고 금속은 잘 변하지도 않고 촉매가 가진 반응을 돕는 역할을 충실하게 수행하기에 매우 적합한 특징을 갖고 있습니다. 실제 산업 현장에서도 가장 많이 쓰이는 촉매 종류입니다.

하지만 금속 촉매에는 치명적인 단점이 있는데, 자연에 풍부한 산소나 물과 반응하려는 특성이 매우 높다는 것입니다. 예를 들어 철의 경우 물이나 산소를 만나면 매우 빠르게 부식이 일어납니다. 즉 이들을 제대로 활용하려면 산소와 수분이 없는 환경을 만들어야 해요. 실험실에는 이런 환경을 갖추기가 어렵지 않지만 공장에서 이와 같은 시설을 대규모로 구성하려면 많은 비용과 시간을 필요로 해서 쉽지 않습니다. 금속 촉매가 가진 더 큰 문제는 환경에 해로운 중금속이 많다는 사실입니다. 이런 이유에서 과학자들은 금속이 가진 장점을 그대로 발휘하면서도 단점을 최소화할 수 있는 새로운 물질을 찾으려고 노력했습니다.

다른 하나는 앞에서도 자세히 설명한 단백질로 만들어진 효소입니다. 생명체는 살아가는데 필요한 에너지와 영양분을 얻는데 필요한 다양한 화학 반응을 일으키는 수천 가지가 넘는 효소를 갖고 있답니다. 이 효소에는 왼손과 오른손처럼 거울로 보면 같지만 실제는 다른 두 가지 물질 중에서 하나만 선택적으로 만드는 능력이 탁월한 비대칭 촉매가 많습니다. 이처럼 효소는 선택성이 뛰어나고 에너지 관점에서도 매우 효율적입니다.

과학자들은 필요한 화학 반응에 효소를 활용하려는 생각으로 다양하게 효소를 바꾸려고 시도했습니다. 베냐민 리스트와 데이비드 맥밀런도 이런 과학자 중 하나였죠. 이 둘은 각자 다른 연구실에서 효소와 유기 분자를 이용해서 촉매 반응을 효과적으로 이끌어 낼 방법을 고민했습니다. 그리고 2000년 초에 각자 조금은 다른 방식으로 분자를 합성하는데 유용한 유기 촉매 기법을 찾아냈답니다. 이들은 현재 촉매 분야에서 선두 주자로 새롭고 다양한 유기 촉매를 개발하며, 관련 연구를 주도하고 있습니다. 한편 그들을 뒤따르는 많은 과학자도 함께 힘을 합해 유기 촉매로 의약품을 쉽고 빠르며 정확하게 만들고, 친환경적으로도 더 간편하게 복잡한 분자를 만들 수 있는 기법을 찾아내어 화학 분

S-리모넨(레몬)

R-리모넨(오렌지)

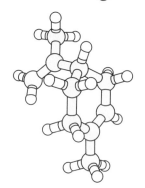
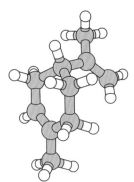

[그림3]

같은 화학식을 가지는 분자임에도
많은 분자는 두 가지 형태로 존재해요.
한 분자는 다른 분자의 거울상입니다.
그런데 이 둘은 종종 완전히 다른
기능이나 효과를 갖고 있기도 해요.
예를 들어 리모넨 분자는 하나는 레몬
향이 나는 반면 거울상 이미지 분자는
오렌지 향을 가지고 있습니다.

출처: 노벨위원회

야를 새롭게 탈바꿈시키고 있습니다.

이처럼 베냐민 리스트와 데이비드 맥밀런은 분자를 만드는 새롭고 기발한 도구인 유기 촉매를 개발한 공로로 2021년 노벨 화학상을 수상했습니다. 이 유기 촉매는 새로운 의약품을 개발하는 연구에서 거울로 봤을 때 서로 같은 분자이지만 특성이 많이 다른 분자 중에서 필요한 한쪽 분자를 효과적으로 생산하고 싶을 때 매우 효과적입니다. 뿐만 아니라 촉매로 주로 쓰이는 해로운 중금속 사용을 크게 줄일 수 있고, 기존 촉매 과정에서 발생하는 다양한 폐기물 발생을 최소화할 수 있도록 하여 더욱 친환경적으로 만들고 있습니다.

본격! 비대칭 유기 촉매 개발로 다양한 분야의 촉매 연구 활발

베냐민 리스트와 데이비드 맥밀런은 비대칭 유기 촉매를 개발한 공로로 2021년 노벨 화학상을 수상했습니다. 수상자들의 연구는 2000년에 나왔는데, 이때까지 촉매는 금속을 이용하거나 효소를 이용하는 두 가지 방법이었습니다. 그런데 이 두 과학자가 유기 촉매를 개발하면서 촉매 분야에 혁신을 일으켰습니다.

자연계에는 다양한 물질이 있고 이 물질은 다양한 분자로 이루어져 있습니다. 분자가 결합해 다양한 물질을 만든다는 사실을 알게 된 과학자들은 자연에서 어렵게 구하는 물질을 인위적으로 만들기 위해 다양한 분자 조립 방법인 합성법을 찾아냈습니다. 초기에는 단순한 분자밖에 만들지 못했지만 과학 기술이 발달하면서 아주 복잡하고 어려운 분자도 만들게 됐답니다.

복잡한 분자는 자연에서도 어렵게 만들어집니다. 과학자들이 실험실에서 자연을 흉내내면서 복잡한 분자를 만들 때도 많은 단계를 거치며 힘들게 만듭니다. 그런데 이렇게 복잡한 분자를 합성하는 단계마다 촉매가 중요한 역할을 합니다. 분자를 분해해서 원하는 형태의 복잡한 분자로 만들려면 큰 에너지와 많은 시간이 필요한 데, 촉매를 이용하면 필요한 에너지를 낮출 수 있고 시간도 단축할 수 있습니다.

천연 비료 '새똥 전쟁'을 종식시킨 암모니아 합성법

촉매가 이런 장점을 가지고 있다는 사실을 알게 된 것도 얼마되지 않았습니다. 200년이 조금 넘은 경우이지만 촉매는 화학에서 아주 중요한 요소입니다. 얼마나 중요한지는 촉매 연구로 노벨 화학상을 수상한 사례가 7번이나 된다는 사실로 확인할 수 있습니다. W. 오스트왈드(Carl Wilhelm Wolfgang Ostwald, 1909년 촉매 작용), P. 사바티에(Paul Sabatier, 1912년 금속 촉매를 사용한 수소화), K. 지글러(Karl Ziegler)와 G. 나타(Giulio Natta, 1963년 고분자 합성을 위한 촉매 개발), J.W. 콘포스(John Warcup Cornforth, 1975 효소 촉매 반응에서의 입체 화학), W.S. 놀스(William Standish Knowles) R. 노요리(Ryoji Noyori), K.B. 샤프리스(Karl Barry Sharpless, 2001년 비대칭 촉매 작용), Y. 쇼뱅(Yves Chauvin)과 R.H. 그럽스(Robert Howard Grubbs), R.R. 슈록(Richard Royce Schrock, 2005년 올레핀 복분해), R.F. 헥(Richard Frederick Heck)과 E.I. 네기시(根岸 英一), A. 스즈키(2010년, 팔라듐-촉매 교차 커플링) 등 입니다.

그럼 과학자들은 언제부터 촉매를 알기 시작했을까요? 또 어떤 물질이 촉매로 쓰이고 있을까요? 촉매를 제대로 활용하기 시작한 때는 언제이고, 우리는 생활에서 촉매의 도움을 얼마나 받고 있을까요?

촉매 분야 역사를 살펴보면 1781년 파르멤티(Parmentier)가 전분을 포도당으로 가수 분해하는 반응에 무기산을 촉매로 이용한 연구 기록이 남아 있습니다. 가장 오래된 기록인 셈이죠. 전분은 감자나 고구마 같은 것을 물에 갈아서 가라앉힌 앙금을 말린 가루이고 가수 분해는 물과 반응시켜 산이나 알칼리로 분해하는 반응입니다.

이때까지는 무기산과 점토를 주로 촉매로 활용했다면 이후부터는 촉매로 다양한 물질을 사용하기 시작했답니다. 1806년에는 산화 질소를 촉매로 황산을 합성하며 반응에 관여하는 모든 물질이 기체 상태로 바뀌는 화학 반응도 연구했습니다. 1820년에는 데이비(John Davy)가, 1834년에는 패러데이(Michael Faraday)가 백금 촉매에서 산화 반응을 조사해 표면이 반응을 촉진한다는 사실을 근거로 촉매 작용을 설명했습니다.

그리고 1836년에 베르셀리우스(Jöns Jakob Berzelius)가 처음으로 촉매라는 용어를 쓰기 시작했습니다. 이때부터 촉매와 촉매 작용이 구체화되기 시작했습니다. 다양한 화학 물질을 만들 때 촉매를 쓰기 시작했고, 1867년에는 황산 구리 촉매로 염화 수소에서 염소를 얻는 공정이, 1875년에는 백금을 촉매로 사용하는 황산 제조 공정을 개발했습니다.

촉매 연구는 1900년대 들어서면서 매우 활발해졌습니다. 1901년 오스트발트(Friedrich Wilhelm Ostwald)가 백금 촉매를 이용해 암모니아로부터 질산을 만들었는데, 이때 그는 반응 속도를 측정해 이를 근거로 촉매의 개념을 정량적으로 설명했습니다.

그리고 세계적인 발명이자 연구로 부르는 역사적인 일이 1909년에 일어납니다. 바로 하버(Fritz Jakob Haber)가 질소와 수소 혼합물에 철 촉매를 넣어 암모니아를 합성하는 데 성공했습니다. 이 발명을 토대로 보슈(Carl Bosch)는 1913년 암모니아 상용 생산 공장을 완성했답니다. 이때부터 질소 비료를 대량으로 생산할 수 있게 돼 식량 생산이 기하급수적으로 늘어났습니다. 그때 개발된 암모니아 합성공정이 현재도 80억 명이 넘는 인구를 먹여 살리고 있다고 볼 수 있답니다.

1800년대에는 지금과 같은 합성 비료가 존재하지 않았습니다. 오로지 자연에서 얻을 수 있는 동물의 분뇨와 부패 물질만을 비료로 활용할 수 있었죠. 이 중에 새똥은 당시 최고의 천연 비료였답니다. 그래서 세계 일부 나라에서 이 새똥을 놓고 전쟁을 벌이는 '새똥 전쟁'이 일어났습니다. 지금 생각하면 황당해 보이지만 요즘으로 치면 석유나 배터리를 놓고 전쟁을 한 셈입니다.

당시 유럽은 남아메리카에서 손쉽게 얻을 수 있는 새똥을 수입해서 부족한 식량을 늘렸어요. 새똥을 사용하지 않으면 늘어나는 인구에 필요한 식량 공급을 충족시킬 수가 없었습니다. 새똥이 생산량을 크게 늘려 주었기에 이런 이유에서 당시 새똥은 가장 중요한 천연자원이었던 셈입니다. 그래서 이 새똥이 많은 지역을 차지하려고 남아메리카에서 칠레와 페루가 전쟁을 벌이기도 했습니다.

지금도 쓰이는 석탄으로 액체 연료 만드는 기술

1910년 사바티에(Sabatier), 1913년 미하엘리스(Leonor Michaelis)와 멘텐(Maud Leonora Menten)이 촉매 반응에서 진행 경로를 밝혀냈어요. 이를 이용해 반응 속도 측정 결과를 이론적으로 설명했습니다. 랭뮤어(Irving Langmuir)는 1916년 흡착 이론을 제시해 표면에서 물질이 흡착하는 현상을 정량적으로 그려 냈어요. 촉매 반응에서 가장 기본적인 성질인 표면적 측정 방법은 브루나워(Brunauer)와 에멧(Emmett), 텔레(Teller)에 의해 1938년에 처음 제안되었습니다. 그리고 1939년 틸레(Thiele)는 촉매의 세공 구조에 따른 반응물의 확산 현상을 반응 속도와 연관지어 해석했어요.

1926년 피셔(Franz Fischer)와 트롭슈(Hans Tropsch)는 코발트와 철을 촉매로 일산화탄소와 수소로부터 탄화 수소를 합성하는 공정을 개발했습니다. 이 공정은 2차 세계대전 중에 석탄에서 가솔린을 만

태평양 전쟁이 된 새똥 쟁탈전

남아메리카 페루에는 갈매기 같은 바닷새가 싼 배설물이 수만 년 동안 쌓이면서 수백 미터 높이로 거대한 퇴적산을 만들고 있어요. 이 새똥 덩어리를 바닷새 배설물이 바위 위에 쌓여 굳어진 덩어리라는 뜻을 가진 '구아노(Guano)'라고 불러요. 흙을 떠서 옮기듯이 이 구아노 퇴적 덩어리를 떼어서 논과 밭에 뿌리면 바로 비료로 사용할 수 있어요. 천연 비료인 셈이죠. 구아노는 남아메리카의 칠레 연안이나 남평양 제도에 많아요. 구아노에는 질소와 인산이 많아 비료로 쓰기 매우 좋답니다. 조류 구아노는 질소 11~16%, 인산 8~12%, 칼륨 2~3%로 이뤄져 있죠. 구아노에는 유익한 곰팡이 균과 세균이 많은데, 이 균들이 식물을 괴롭히는 병원균을 억제하는 효과가 있어 유기농법으로 농사를 짓는 분들에게 인기가 많아요. 구아노 중에는 박쥐 구아노가 비료로 쓰기 가장 좋다고 해요. 또 다른 동물 똥과 달리 냄새가 나지 않아요. 남아메리카에는 볼리비아라는 내륙국가가 있어요. 그런데 이 나라는 해안이 없는데 해군과 해병대를 보유하고 있어요. 해군 숫자도 5000명이나 돼요. 또 매년 3월 23일을 '바다의 날'로 정해놓고 있어요. 뭔가 이상하죠? 그래요. 볼리비아는 처음부터 내륙국가가 아니었어요. 새똥 전쟁으로 인해 해안국가가 내륙국가가 된 슬픈 역사를 안고 있답니다. 19세기 중반부터 남아메리카에서 발견된 새똥은 비료로 유럽에서 선풍적인 인기를 끌었어요. 덕분에 해변에 구아노 퇴적물로 이뤄진 섬과 해변을 보유한 볼리비아와 페루, 칠레가 새똥을 수출하면서 큰 돈을 벌기 시작했죠. 당시 엄청난 새똥 섬을 보유한 볼리비아는 안토파가스타 지역을 개발하고 싶어 했어요. 하지만 돈이 부족해 결국 이웃 나라 칠레 기업에게 도움을 구했죠. 해당 지역을 개발하면 25년 동안 세금을 받지 않고 새똥을 채굴할 수 있는 혜택을 약속했어요. 그래서 탐나는 새똥을 얻고자 칠레가 적극 뛰어들었는데, 정작 개발이 끝나자 볼리비아가 생각을 바꿨어요.

1876년 볼리비아 정부가 새똥 섬과 초석 광산 등 주요 천연자원을 모두 국유화했답니다. 그러면서 칠레 기업들도 새똥과 초석 같은 천연자원을 이용하려면 세금을 내야 한다고 압박했죠. 25년 동안 세금이 없다는 약속을 믿은 칠레 기업들은 세금 납부를 거부했고, 그러자 볼리비아는 칠레 기업 재산을 몰수했어요. 이 같은 조치에 칠레는 참을 수 없다며 칠레 군대를 안토파가스타로 진격시켰답니다. 그러자 볼리비아는 형제 국가인 페루와 군사 동맹을 맺고 칠레에 맞섰어요. 이때 페루는 8000명, 볼리비아는 3000명 정도의 병력을 보유한 반면 칠레는 2500명 수준이었어요. 병력 규모가 4분의 1 수준이어서, 그냥 보면 칠레가 패배할 가능성이 높아 보여요. 그런데도 어떻게 칠레가 먼저 공격을 할 수 있었을까요? 그래요. 칠레가 믿는 구석이 있었던 거예요. 유럽 국가들의 지원이죠. 볼리비아와 페루가 구아노 가격을 올릴 가능성이 높아지자 영국과 프랑스, 이탈리아, 독일 같은 유럽 국가가 칠레를 돕기로 한 거에요. 유럽의 도움으로 칠레가 병력의 열세를 뒤엎으며, 일방적으로 두 나라를 공격했어요. 결국 볼리비아는 내륙으로 쫓겨났고, 페루는 수도 리마를 잃을 정도로 패배했죠. 4년 동안 진행된 이 새똥 전쟁으로 볼리비아는 태평양으로 나갈 수 있는 유일한 바다인 안토파가스타 지역을 잃고 내륙국가로 몰락했어요.

칠레는 전쟁 배상금으로 2000만 페소 금화를 얻었고, 새똥과 천연자원이 풍부한 새 영토도 얻었어요. 하지만 칠레가 이후에 자원을 국유화한다고 선언하면서 가격 급등을 우려한 영국과 미국이 칠레 반란군을 지원하며 칠레 정부를 무너뜨렸죠. 이 세 나라가 벌인 전쟁은 공식적으로는 태평양 전쟁(War of the Pacific)으로 불려요. 하지만 많은 사람들은 이 전쟁을 '새똥 전쟁'이나 '구아노 전쟁'으로 기억한답니다. 당시 구아노가 그만큼 중요했기 때문이죠. 이 전쟁에서 이득을 본 나라는 자원을 가진 나라가 아닌 자원이 필요한 강대국이었답니다.

드는 데 활용됐답니다. 현재도 아프리카 대륙과 아시아의 일부 국가는 이 방법으로 석탄에서 액체 연료를 만드는 데 쓰고 있습니다.

1930년대 후반부터 미국에서 원유가 연료와 화학 공업 연료로 중요하게 사용되면서 원유 정제에 관련된 촉매 연구가 활발해졌습니다. 자동차 공업이 발달하면서 휘발유(가솔린) 수요가 늘고, 이에 따라 원유의 40% 이상이 분해공정을 거쳐 휘발유를 만드는 데 쓰입니다. 중질유 분해와 고급 휘발유 제조공정에 관련된 다양한 종류의 촉매도 이때 개발됐습니다.

고체산 촉매를 사용하는 유동층 접촉분해공정과 알루미나에 첨가한 백금 촉매를 사용하는 탄화수소를 높이는 공정도 이때부터 쓰기 시작했어요. 산과 염기 특성과 금속을 같이 사용하는 이중기능 촉매에 관한 개념도 역시 이때 세워졌습니다.

반도체 특성 이용한 촉매 연구 활발

1950년 전후 반도체 분야가 새롭게 산업으로 등장하면서 촉매 분야에도 많은 영향을 줬어요. 반도체가 가진 전자적 성질을 이용해 촉매 작용을 설명하려는 연구가 활발해졌습니다. 화학 반응에서도 전자가 이동하는 현상은 필수입니다. 이런 특성으로 촉매와 반응물이 서로 전자를 주고받는 방식으로 촉매 작용을 설명했습니다. 하지만 이러한 시도는 1970년대에 약해지다가 1980년대 들어 전기화학 특성과 촉매 반응이 관련 있다는 사실이 떠오르면서 촉매의 본질을 연구하는 방법으로 다시 중요하게 다뤄지기 시작했습니다.

1955년 염화타이타늄과 알킬알루미늄으로 만든 지글러(Zigler) 촉매가 폴리알켄의 저압중합공정에 사용되면서 고분자 물질 합성에도 촉매를 사용하기 시작했습니다. 산화 마그네슘 지지체 사용, 증진제 첨가 등으로 촉매 활성이 높아지고, 생성물의 구조 선택성과 밀도를 조절하는 다양한 촉매도 이때 개발됐습니다.

1960년대 촉매 분야에서 중요한 발견은 미세한 공기 구멍이 규칙적으로 발달한 결정성 제올라이트를 촉매로 활용하기 시작합니다. 1962년에는 희토류 이온이 교환된 포자사이트(faujasite)형 제올라이트를 중질유 분해공정 촉매로 도입했어요. 기존에 사용하던 실리카 알루미나 촉매에 비해 휘발유 생산량이 많아졌음에도 탄소 침적이 줄어 공정 효율성이 크게 나아졌답니다. 이후 제올라이트처럼 독특한 작은 구멍 구조에 의해 만들어진 형태에 따른 선택적 촉매 작용이 자일렌의 이성질화반응과 톨루엔의 알킬화반응에 활용되면서 촉매로 쓸 수 있는 사용 영역이 크게 넓어지기도 했습니다.

1975년 미국의 모빌(Mobil)사가 ZSM5 제올라이트를 촉매로 사용해 메탄올로부터 휘발유를 한 번에 합성하는 공정을 발표하면서 제올라이트 연구가 더 활발해졌답니다. 이에 과학자들은 규소와 알루미늄 외 원소로 제올라이트와 비슷한 골격을 가지는 다양한 구조분자 덩어리를 합성했습니다. 그리고 이들을 촉매로 사용했어요. 미세 세공 분자체 활용영역이 넓어졌고, 제올라이트와 제올라이트 유사 물질의 세공 구조, 산성도, 세공 내 화학적 분위기 같은 걸 조사해서 촉매로 이용하려는 연구도 폭넓게 진행됐답니다.

공기 구멍을 화학 반응 촉진에 활용

1990년대에 발표한 중간 세공 물질(mesoporous material)은 촉매로서 가능성이 높은 물질이에요. 계면 활성제를 주형물질로 사용해 합성하므로 세공이 2.0-10나노미터(nm, 1nm=10⁻⁹m) 정도로 제올라이트에 비해서 상당히 크고, 구멍이 일정해서 제올라이트에 들어가지 않는 큰 분자 반응에도 촉매를 사용할 수 있게 만들었답니다.

1995년 합성된 금속 유기 골격 물질(MOF, metal-organic framework)은 새로운 다공성 물질로 2000년대 들어서면서 연구자들의 관심을 끌고 있어요. 가운데가 비어 있는 특이한 구조 때문에 표면적이 $3000m^2g^{-1}$ 이상으로 넓고, 금속과 유기 리간드(ligand, 수용체와 같은 큰 분자에 특이적으로 결합하는 물질을 뜻한다.) 종류에 따라 흡착 성질이 특이해 흡착제와 센서, 촉매로 사용하고 있답니다.

MOF 둥지 안에 키랄성이 있는 리간드를 결합시켜 만든 MIL-101 MOF는 여러 방향족 알데히드와 케톤의 비대칭 알돌 축합 반응에 수율이 60-90%에 이를 정도로 활성이 높고, R이성질체에 관한 선택성이 55-80% 정도로 높아요. 크기와 모양이 다를 뿐 아니라 둥지 내 화학적 상태도 크게 달라서 MOF를 촉매로 응용하려는 연구가 활발합니다.

1990년 이후 촉매 분야에서 가장 빠르게 성장한 분야는 촉매를 활용해 환경 오염을 방지하거나 오염 물질을 제거하는 분야입니다. 원유 정제 과정에서 황 화합물을 제거하는 공정도 촉매와 공정 기술 면에서 크게 발전했습니다. 하지만 자동차의 배기가스 정화 촉매도 놀랄 만큼 발전했답니다.

휘발유를 쓰는 자동차의 배기가스 정화용 촉매는 이제 일반인에게도 상식이 됐습니다. 자동차에 들어가는 공기보다 촉매를 거쳐 빠져나오는 공기가 더 깨끗하다고 할 정도로 성능이 우수하답니다. 디젤 자동차 배기가스에 들어있는 질소 산화물과 입자상 물질(PM, particulate matter) 제거 역시 촉매 기술로 해결합니다. 광촉매를 이용한 오염 물질 제거 방법은 이미 시장에서 널리 쓰이고 있고 광촉매를 이용해 태양 빛으로 물을 분해해 수소를 만드는 연구도 한창입니다.

생명 과학과 유기 금속 화학의 발전은 균일계 촉매 발전을 촉진했습니다. 에너지 사용량을 줄이고 생성물의 분리공정을 단순화해 화학공정에서 효율을 높이는 청정화학(green chemistry) 분야에 균일계 촉매가 크게 기여하고 있습니다. 생활에서 무엇이든 효과적으로 사용하고, 환경에 미치는 부담을 최소화하는 청정화학 관점에서 이를 위한 촉매 공정 개발도 매우 활발합니다.

앞에서도 언급했던 것처럼 효소는 중요한 촉매예요. 과학자들은 다양한 효소를 찾고, 효소의 구조를 밝히며, 기능을 알아내면서 효소처럼 활성과 선택성이 높은 촉매를 개발하려고 도전했고 그 결실이 유기 촉매 개발로 이어졌습니다.

컴퓨터와 전자 기술 발달이 촉매 발전 이끌어

촉매 자체에 관한 발전 못지않게 촉매 연구에 관련된 분석기기도 컴퓨터와 전자기술 발전에 힘입어 빠르게 발전하고 있답니다. 전자 분광 기술과 진공 기술, 레이저 기술, 컴퓨터 기술 같은 다양한 기술 발전이 촉매 표면을 정밀하게 분석할 수 있도록 도울 뿐 아니라 표면에서 일어나는 반응을 실시간으로 분석하고 조사할 수 있도록 해 원리를 이해하는데 큰 도움을 줍니다.

반응 물질 분자가 촉매 표면에 충돌할 때 일어나는 내부 에너지 변화를 추적하거나 가장 처음으로 생성되는 물질을 확인해 이를 어떻게 조절하면 좋을지까지 알아낼 수 있을 정도로 촉매 연구가 세밀해지고 있습니다. 반응물을 넣고 한참을 기다린 뒤 생성물을 채취해 성분을 분석해 촉매 작용과 표면 현상을 추측하던 수준에서 촉매 표면의 활성점에서 반응물이 어떤 과정을 거쳐 활성화돼 생성물로 바뀌는지를 직접 관찰하는 수준으로까지 발전한 것입니다.

나노 크기의 촉매를 만들고 평가할 수 있는 기술을 도입해 귀금속 같은 촉매 활성 물질의 효율을 극대화하고 있고 촉매 작용에서 아주 작은 미시적인 구조까지 조절함으로써 촉매의 선택성을 높인 나노 촉매 제조 기술도 화학 공업 현장에 쓰이고 있답니다.

특히 과거에는 화학 반응의 평형 조성을 열역학 자료를 활용해 쉽게 계산할 수 있는 반면 수소 원자와 중수소 분자 반응처럼 아주 간단한 반응에서만 반응 속도를 계산할 수 있었습니다. 고체 촉매 표면에 흡착한 반응물의 에너지 계산은 얼마 전까지만 해도 거의 불가능했습니다. 최근 컴퓨터 연산 속도가 빨라지고 저장 공간이 크게 늘어나면서 계산 화학도 눈부시게 발전했습니다. 금속 표면에서 촉매 반응을 조사해 촉매 작용에 관한 설명을 뒷받침하는 수준에서 이제 최적화된 촉매를 설계하고, 반응경로를 탐색하며 적절한 표면 구조와 활성점을 제안하는 단계로까지 발달했습니다.

촉매는 마술상자라고 부를 정도로 촉매 반응에서 진행되는 과정에 관해 제대로 모르면서도 화학 공업에서 유용하게 사용했던 물질이에요. 기업에서도 핵심 산업 기술이어서 공개하지 않았고, 아주 불균일한 고체 표면에서 일어나는 현상이어서 촉매 작용을 본질적으로 밝혀내기도 어려웠답니다. 그러나 21세기에 들어서 과학 기술 발전으로 '촉매 설계(catalyst design)'라는 용어가 '이론적 촉매 설계(rational catalyst design)'로 바뀔 정도로, 촉매 표면 조성과 배열 구조로부터 촉매 작용을 이해하는 수준으로까지 이르렀습니다.

100년이 넘은 유기 촉매 연구

　지금까지 유기 촉매에 이해를 돕기 위해 촉매에 관한 특성을 촉매 역사와 함께 포괄적으로 살펴보았습니다. 이제 유기 촉매 연구에 더 가깝게 다가가 보려고 합니다. 간단한 유기 분자를 촉매로 이용한 연구는 100년 전에도 있었어요. 새로운 현상은 아닌 셈이죠. 유기 분자를 이용한 촉매 연구가 문서로 남아 있는 가장 오래된 것은 1860년 리비히 (Justus von Liebig) 연구입니다. 그는 아세트알데히드가 옥사마이드 안에서 시아노겐의 가수 분해를 촉진하는 촉매 역할을 한다고 보고했습니다. 1912년에는 브레디그(Bredig)와 피스케(Fiske)가 작은 카이랄 유기 분자가 촉매로 작용한다는 연구를 소개했습니다. 벤즈알데히드(C_6H_5CHO)에 시안화수소(HCN)를 첨가해 시아노히드린을 만들 때 퀴닌 카이랄 염기(촉매1)와 퀴니딘(촉매2)이 촉매로 작용한다는 내용이에요[그림4]. 촉매1로 얻는 시아노히드린은 촉매2로 얻는 것과 이성질체 관계입니다. 시아노히드린은 불행하게도 생산 비율이 낮은 거울상 분자입니다. 결국 50년 뒤에 프레이스저스(Pracejus)가 퀴닌에서 유래한 촉매3을 메틸페닐케텐에 메탄올을 비대칭적으로 추가한 반응에 넣어 93%에 달하는 생산 비율을 찾아냈습니다.

[그림4]

촉매1, 촉매2, 촉매3의 구조와 프레이스저스가 보여 준 메틸페닐케텐의 비대칭적 메탄올 반응

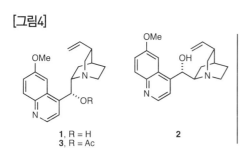

출처: 노벨위원회

1928년 초에는 랑겐벡(Langenbeck)이 작은 유기 분자와 효소의 촉매 작용 사이에 관련이 있다는 논의를 시작했습니다. 그는 유기 촉매라는 용어를 만들기도 했답니다. 그리고 15년이 지난 1931년에 피셔(Fischer)와 마르샬(Marschall)이 아미노산이 알돌 반응에서 훌륭한 촉매라는 사실을 밝혔습니다. 랑겐벡과 보스(Borth)는 1942년에 카이랄 아미노산도 같은 용도로 쓰일 수 있음을 보여 주었습니다.

당을 분해하는 알돌라아제 효소에 관한 일반적인 메커니즘이 1960년대와 1970년대에 발견됐습니다. 효소의 라이신 잔여물과 기질의 카보닐기 사이에서 에나민(이중 결합이 있는 아민)이 만들어지는 것을 말합니다. 이처럼 1970년대까지 유기 분자가 어떻게 촉매로 작용하는지 많은 정보가 쌓이고 있었습니다. 하지만 유기 촉매 분야를 포괄적으로 생각할 수 있을 정도로 제대로 이해하지는 못했어요.

이와 같이 유기 분자 관련 연구들이 제한적으로 진행되는 상황에서 2000년에 베냐민 리스트와 데이비드 맥밀런이 각자 다른 방법으로 유기 분자 촉매 연구를 발표했습니다. 하나는 이중 결합을 가진 아민인 에나민 촉매고, 다른 하나는 이미늄 이온 촉매예요. 베냐민 리스트는 공동 연구자와 함께 알돌 반응에서 L-프롤린 촉매에 관한 개요를 제시했습니다. 에나민 촉매 작용과 루이스 염기 촉매 작용을 담고 있어요. 데이비드 맥밀런은 공동연구자와 함께 카이랄 이미다졸리디논에 의해 촉매되는 α, β-불포화 알데히드와 사이클로펜타디엔 사이의 딜스-알더 반응(Diels-Alder反應, 다이엔류와 올레핀 또는 아세틸렌류가 반응하여 불포화 6원환 화합물을 구성하는 반응)을 논의했습니다. 여기에는 이미늄 이온 촉매 작용과 루이스 산 촉매 작용이 담겨 있는데 두 과학자는 어떻게 유기 촉매를 발견하게 됐을까요?

효율적인 촉매 프롤린을 재발견한 베냐민 리스트

　미국 남부 캘리포니아에 있는 스크립스(Scripps) 연구소에 카를로스 F. 바바스 3세(Carlos F. Barbas Ⅲ)가 주도하는 효소 연구진이 있었습니다. 베냐민 리스트는 이곳에서 박사 후 연구원으로 지내면서 2021년 노벨상 수상으로 이끈 '비대칭 유기 촉매' 생각을 떠올렸어요.

　베냐민 리스트는 촉매 항체를 연구했습니다. 항체는 우리 몸에서 외부에서 바이러스나 박테리아가 침입하면 달라붙어 이들을 제거하는 역할을 합니다. 스크립스 연구진들은 항체를 재설계해 화학 반응을 일으키도록 하는 연구를 진행했어요. 이때 베냐민 리스트는 효소가 실제로

[그림5]

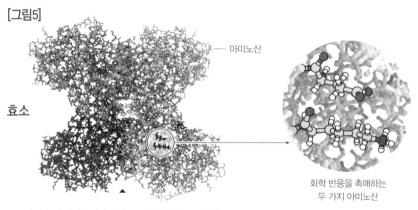

아미노산

효소

화학 반응을 촉매하는
두 가지 아미노산

효소는 수 백개의 아미노산으로 이뤄져 있어요. 하지만
이들 중 몇몇만 화학 반응에 참여하는 걸 자주 발견할 수
있어요. 베냐민 리스트는 촉매 작용을 위해 효소 전체가
필요한 것인지 궁금했어요.

벤자민 리스트는 프롤린이라고 하는 단순한 아미노산이
화학 반응에서 촉매 작용을 하는지 시험해 봤어요.
그런데 놀랍게도 뛰어난 성능을 보여 줬어요. 프롤린은
화학반응에서 전자를 주고 받을 수 있는 질소 원자를 갖고
있어요.

출처: 노벨위원회

프롤린

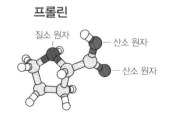

질소 원자 — 산소 원자

산소 원자

어떻게 작동하는지가 궁금했습니다. 효소는 보통 수백 개가 넘는 아미노산으로 만들어진 거대 분자입니다. 또 적지 않은 효소가 금속을 갖고 있어요. 그런데 신기하게도 효소는 금속의 도움을 받지 않고 아미노산 한 개나 몇 개를 활용해 반응을 도우며 촉매 반응을 이끄는 걸 알았습니다. 여기서 베냐민 리스트는 '아미노산 한 개만 쓰면 어떨까, 아미노산과 비슷한 간단한 분자로도 같은 작용을 이끌 수 있을까?'라고 생각했습니다.

그리고 그는 프롤린이라고 부르는 아미노산이 1970년 초에 촉매로 연구됐다는 사실을 찾아냈답니다. 당시 연구자도 베냐민 리스트와 같은 생각을 했었죠. 그리고 그는 25년이나 지난 이 연구를 사람들이 거의 찾지 않은 걸 보면 프롤린이 촉매 반응을 제대로 보여 주지 못했을 것이라고 생각했습니다. 그래서 별다른 기대도 하지 않고 실험을 했죠. 그런데 놀라운 결과가 나왔습니다. 프롤린이 효율적인 촉매일 뿐 아니라 이 아미노산이 비대칭 촉매 작용을 일으킨다는 사실을 알아낸 것입니다.

이 실험으로 프롤린이 가진 잠재력을 깨달은 베냐민은 2000년 2월 연구 결과를 발표하면서 "이 촉매를 설계하고 찾아내는 것이 우리의 미래"라고 말할 정도였습니다. 프롤린은 매우 간단하고, 가격이 저렴하며,

[그림6]

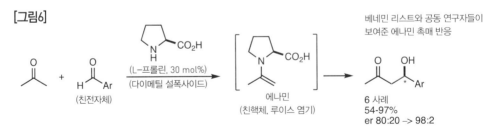

베네민 리스트와 공동 연구자들이
보여준 에나민 촉매 반응

출처: 노벨위원회

환경친화적인 분자예요. 이때까지 개발된 금속과 효소 두 가지 촉매 종류와 비교하면 프롤린은 꿈의 도구에 가깝습니다.

베냐민 리스트와 공동 연구자인 레너(Lerner)와 바바스 3세는 연구 논문을 통해 자연적으로 발생하는 아미노산 L-프롤린이 아세톤과 일련의 방향족 알데히드 사이에서 탄소-탄소 결합 형성 반응인 분자간 알돌 반응을 촉매한다는 사실을 보여 주었습니다. 또 이들은 반응이 에나민 중간 생성물을 통해 진행됨을 제안했어요. 즉 가장 높은 점유 분자 궤도 함수(HOMO)에서 에나민 촉매가 친핵성을 증가시키며, 촉매가 가진 카복실산 기능은 수소 결합을 통해 금속이 없는 짐머만-트랙슬러 전이 상태를 안정화시키는 데 도움을 준다는 내용입니다. 이 촉매가 기질에 공유적으로 달라붙고, 분자간 알돌 반응에서 입체 화학적 경로를 조절한다는 것이었습니다.

금속 대신 싸고 쉬운 유기 분자 찾은 데이비드 맥밀런

미국 캘리포니아 북쪽에 있는 버클리 캘리포니아대학 한 실험실에서도 비슷한 연구를 진행하고 있었습니다. 데이비드 맥밀런은 하버드대학에서 금속을 이용해 비대칭 촉매 반응을 어떻게 하면 더 높일 수 있는지를 연구했습니다. 이때 그는 금속이 산업에서 비대칭 촉매 반응에 잘 쓰이지 않고 있다는 사실에 주목했어요. 그는 민감한 금속을 사용하기에는 반응에 필요한 시설이나 환경을 만들기가 매우 어렵고 돈이 많이 든다고 생각했죠. 실제로 실험실에서는 쉽게 만들 수 있는 산소가 없는 환경, 수분이 없는 환경을 산업 현장에서는 구현하기가 매우 어렵습니다.

이런 한계를 인식한 그는 1998년 하버드대학에서 UC버클리대학

[그림7]

금속 촉매

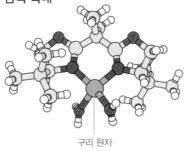

구리 원자

데이비드 맥밀런은 금속 촉매를 연구하면서
습기에 쉽게 파괴된다는 사실을 알았어요. 그래서
그는 내구성이 뛰어난 촉매를 개발할 수 있을지
궁금해 하며 도전했어요.

맥밀런의 유기 촉매

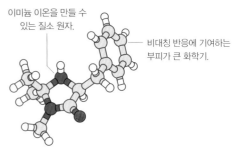

이미늄 이온을 만들 수
있는 질소 원자.

비대칭 반응에 기여하는
부피가 큰 화학기.

데이비드 맥밀런은 이미늄 이온을 만들 수 있는 간단한
분자를 설계했어요. 이 중 하나가 비대칭 촉매 작용에서
탁월한 성능을 보여 줬어요.

출처: 노벨위원회

으로 학교를 옮길 때 금속 연구를 접었어요. 대신 그는 유기 분자를 이용해서 금속과 같은 반응을 이끌 수 있는 방법을 찾기 시작했습니다. 즉 금속처럼 일시적으로 전자를 주거나 받는 간단한 유기 분자를 만들기 시작한 것이었습니다. 유기 분자는 생명체를 만드는 분자인데, 탄소 원자를 중심으로 안정적인 구조를 갖고 있습니다. 일부 탄소 자리에 산소나 질소, 인, 황이 들어가기도 해요.

데이비드 맥밀런은 유기 분자가 비대칭 촉매 반응을 일어나게 하려면 이미늄 이온을 만들 수 있어야 한다고 생각했습니다. 이미늄은 질소 원자를 갖고 있는데, 질소 원자의 양이온 성질은 전자를 잡아당기는 고유의 친화력이 있습니다. 그는 탄소 원자로 고리를 만드는데 사용하는 딜스-알더 반응에 자신이 찾은 유기 분자를 넣어 보았습니다. 그랬더니 그가 기대한 대로 뛰어난 성능을 보여 주었고 또한 일부 유기 분자들은 비대칭에서도 우수한 능력을 발휘했습니다. 거울상 분자를 만드는 반응에서 한쪽 물질을 90% 이상 만들었습니다.

데이비드 맥밀런은 그의 발견이 촉매 분야에 새로운 흐름을 만들 수 있다고 직감했어요. 그리고 앞으로 더 많은 유기 분자로 된 촉매가 발견되고 연구될 수 있게 이와 같은 발견에 적합한 이름이 필요하다고 생각했죠. 그리고 그는 '유기 촉매'라는 이름을 붙였습니다. 2000년 1월 베냐민 리스트가 그의 발견을 논문으로 발표하기 직전에 데이비드 맥밀런은 과학저널에 자신의 원고를 제출했어요. 논문 도입부에서 그는 "비대칭 변환 부문에서 매우 효과적인 새로운 유기 촉매 전략을 제시한다"고 밝혔습니다.

2000년에 아렌트(Ahrendt), 보스(Borths), 맥밀란은 카이랄 이미다졸리디논이 $α, β$-불포화 알데히드와 다이엔 사이에서 일어나는 딜스-알더 반응을 촉매할 수 있다는 사실을 연구 논문으로 발표했습니다. 유기 촉매 카이랄 이미다졸리디논은 자연적으로 일어나는 아미노산 L-페닐라라닌의 메틸 에스테르로부터 세 단계를 거쳐 만듭니다. $α, β$-불포화 알데히드보다 낮은 가장 낮은 비점유 분자 궤도 함수(LUMO)에서 상응하는 이미늄 이온을 만들어 $α, β$-불포화 알데히드를 응축한답니다. LUMO(lowest unoccupied molecular orbital)의 에너지 감소는 다이엔에 관한 반응성을 증가시키고, 촉매가 없는 딜스-알더 반응과 비교

[그림8]

데이비드 맥밀런과 공동 연구자들이
보여준 이미늄 이온 촉매 반응

출처: 노벨위원회

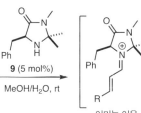

α, β-불포화
알데히드 + 다이엔 → **9** (5 mol%)
MeOH/H₂O, rt → 이미늄 이온
(디에노필) → 내부 + 외부

12 사례
72~92%
er 91.5:8.5→98:2

해 반응 속도를 높여 줍니다.

데이비드 맥밀런과 동료들은 무엇보다 촉매로 만들어진 이미늄 이온 중간체를 통해 LUMO를 낮추는 것이 다른 비대칭 반응을 설계하고 개발할 수 있는 일반적인 플랫폼을 제공한다는 개념을 제시했다는 점에서 높은 평가를 받고 있습니다.

복잡한 분자 생산 효율 7000배까지 높여

이처럼 베냐민 리스트와 데이비드 맥밀런은 촉매 역사에서 새로운 획을 긋는 연구를 서로 독립적으로 발견했습니다. 그리고 2000년 이후 이들을 포함한 많은 과학자가 값싸고 안정적인 유기 촉매를 계속 개발했습니다.

유기 촉매는 많은 장점을 갖고 있습니다. 우선 단순한 분자로 만들 수 있어 만들기 쉽고 싸고 이용하기 편하며, 일부 유기 촉매는 자연에 존재하는 효소처럼 반응을 이어가면서 진행시킬 수 있습니다. 산업 현장에서 촉매를 이용해 A와 B라는 물질로 G라는 물질을 만들 때, 단번에 만들어지는 경우가 매우 드물고, 보통은 C나 D라는 물질을 만든 다음 이 중에서 D만 골라내어, 다시 이를 E와 F가 생산되는 과정을 거치며 G라는 최종 결과물을 만듭니다. 이때 필요하지 않은 C가 중간에 많이 발생하면 방해가 되는데 이에 반응 과정에서 반응을 멈춰 C를 제거하거나 특별한 조치를 하며 시간과 물질적인 손실이 발생한답니다. 반면 유기 촉매는 A와 B에서 G로 가는 과정을 중간에 끊어 반응시키지 않고, 자연처럼 연이어 진행시킬 수 있어 중간에 발생하는 폐기물을 상당히 줄일 수 있습니다.

이 같은 대표적인 사례가 스트리크닌 분자 합성이에요. 스트리크

너무 복잡해 만들기 어려운 스트리크닌(strychnine)

스트리크닌 나무 씨앗에서 얻을 수 있는 물질로, 지금까지 알고 있는 물질 중에서 가장 쓴 물질이에요. 1ppm(parts per million, 백만분의 1)의 농도에서도 맛을 느낄 수 있을 정도랍니다.

스트리크닌은 색이 없는 알칼로이드 결정이에요. 독성이 매우 강하고, 새나 설치류 같은 작은 척추동물을 죽이기 위해 살충제로 사용된답니다. 스트리크닌을 먹으면 근육 경련을 일으키고 질식이나 탈진으로 사망에 이르러요.

그런데 이 스트리크닌은 약으로도 쓰여요. 척추와 뇌에 있는 리간드 통로에서 염화물 채널인 글리신 수용기(GlyR)에 길항제로 작용합니다. 맹독인 스트리크닌을 소량만 사용하면 완하제(변비약)와 각성제로 효능을 보여요. 위장병 치료에도 사용해요. 과거에는 '매우 가치 있으며 널리 처방되는 의약품 중 하나'라고 언급할 정도였죠. 특히 각성 효과가 뛰어나 스포츠 분야에서 기록을 높일 때 많이 쓰였어요. 하지만 독성이 높고 발작 위험이 있어 지금은 안전한 의약품으로 대체됐답니다. 1818년 프랑스 화학자 피에르 조셉 펠레티에(Pierre Joseph Pelletier)와 조셉 카방투가 처음으로 스트리크닌을 스트리크노스 이그네이시아 열매에서 추출했어요. 분자 구조는 이로부터 120년이 더 지난 1946년에 로버트 로빈슨(Robert Robinson)과 헤르만 로이크스가 밝혀냈어요. 1952년 로빈슨은 "스트리크닌은 지금까지 알아낸 화학 물질 중에서 분자 수준이 가장 복잡하다"고 말했죠. 1954년 R. B. 우드워드 연구진이 스트리크닌 분자 전체를 처음으로 합성하는데 성공했어요. 그리고 1956년에 X선으로 스트리크닌 분자 구조를 밝혔답니다.

닌 분자는 자연에서 발견된 매우 복잡하고 어려운 분자입니다. 자연에서도 얻기가 쉽지 않은 물질이라서 이를 화학자들이 합성하려고 하는데, 스트리크닌 분자 합성은 마치 루빅스 큐브에서 모양을 맞추는 것처럼 수많은 단계를 거쳐야 해 아주 어려운 숙제입니다. 1952년 스트리크닌을 처음 합성했는데 이때 29가지 화학 반응을 거쳤고, 처음에 넣은 재료에서 0.0009%만이 스트리크닌으로 바뀌었습니다. 나머지는 화학 반응이 일어나는 과정에서 모두 버려지고 말았습니다. 그런데 2011년 과학자들은 유기 촉매를 이용해 스트리크닌 합성을 12단계로 반응 과정을 줄이고, 생산 과정을 전보다 7000배나 효율적으로 바꿨습니다.

선택성 뛰어나 의약품이나 식품 첨가제 합성에 인기

유기 촉매가 가지는 매력은 또 있습니다. 바로 선택성으로 최근 바이오 기술이 발달하면서 많은 기업이 다양한 신약 개발에 나서면서 인기가 더 높아지고 있습니다. 유기 촉매는 비대칭 촉매 작용이 중요한 제약 연구에 상당히 큰 영향을 주고 있습니다.

많은 의약품은 분자가 왼손과 오른손처럼 거울로 보면 대칭으로 나타나는 거울상 구조를 갖고 있습니다. 한 쪽은 의약품으로 도움을 주는 반면 다른 하나는 원하지 않는 부작용이나 치명적인 독을 포함하는 경우도 있습니다.

대표적인 예가 탈리도미드(Thalidomide) 사건입니다. 약으로 쓰인 탈리도미드는 거울상 이미지를 가지는 다른 분자가 심각한 기형을 일으키는 물질이에요. 이 물질이 약에 잘못 포함돼 1960년대 심각한 기형아가 탄생했답니다. 이 사건 이후 거울상 이미지를 가지는 의약품을 생산할 때는 그만큼 공정이 복잡하고 비용도 많이 들어갑니다.

그런데 이제는 유기 촉매를 이용해 연구자들은 비교적 간단하고 쉽게 많은 양의 비대칭 분자를 만들 수 있습니다. 인위적으로 치료에 도움이 되는 물질만 생산할 수 있는 것입니다. 최근 제약 회사에서는 기존 의약품의 생산 효율화를 위해 이 방법을 사용하고 있습니다. 불안과 우울증을 치료하기 위해 사용하는 파록세틴(Paroxetine)과 호흡기 감염 치료에 사용되는 항바이러스제 오셀타미비르(Oseltamivir)가 유기 촉매를 이용해 새롭게 만들어지고 있답니다.

촉매는 환경을 지키고 에너지와 공업 원료를 생산하는 화학 반응으로 인류가 생존하는데 필수 불가결한 기술로 자리매김하고 있습니다. 이런 배경에서 벤냐민 리스트와 데이비드 맥밀런은 기존보다 더 나은 촉매를 찾기 위해 화학자들이 기존의 방법만을 사용하던 방식에서 벗어나 새로운 개념의 촉매를 떠올렸습니다.

    단순하면서도 간단한 생각이었지만 전문가들은 이런 간단한 생각이
사실 가장 떠올리기 어려운 생각이라고 강조했습니다. 기존의 선입견
을 떨치기가 쉽지 않기 때문입니다. 앞으로 여러분을 비롯한 인류가 건
강하게 지낼 수 있도록 다양한 의약품이 만들어질 것입니다. 그리고 해
당 의약품을 만드는데 유기 촉매가 항상 함께할 가능성이 높아요. 유기
촉매는 실험실이나 분자를 합성하는 화학 공장에만 있지 않고, 의약품
이나 식품 첨가제 같은 다양한 생활용품을 만들며 여러분 곁으로 다가
와 함께 생활할 것입니다.

확인하기

2021 노벨 화학상을 수상한 과학자들이 이룬 성과와 업적에 관한 이야기를 잘 읽었나요? 벤자민 리스트는 싸고 간단한 프롤린이라는 아미노산이 촉매로 유용하다는 사실을 알아내고, 데이비드 맥밀런은 유기 분자가 이미늄 이온을 만들 수 있으면 비대칭 촉매 반응을 일어나게 할 수 있다고 생각했으며 이를 증명했습니다. 이들의 노력을 친구들이 잘 이해했는지, 문제를 풀면서 확인해 보세요!

01 다음 중 2021 노벨 화학상과 관계가 가장 적은 인물을 고르세요.
① 벤자민 리스트
② 카를로스 F. 바바스 3세
③ 데이비드 맥밀런
④ 알버트 아인슈타인

02 다음 중 촉매의 한 종류인 효소가 아닌 것은?
① 크롬
② 펩신
③ 락타아제
④ 아밀라아제

03 촉매에 대한 다음 설명 중 틀린 것은?
① 활성화 에너지를 낮춰주는 효과를 발휘한다.
② 자신은 변하지 않으면서 다른 물질의 화학 반응을 돕는다.
③ 2000년 전까지는 금속과 효소 두 종류만 있었다.
④ 배기가스를 깨끗하게 만들려고 자동차에 촉매가 든 장치가 설치돼 있다.

04 다음 중 촉매의 도움을 받는 장치나 도구라고 보기 어려운 것은?

① 손난로(핫팩)

② 자동차

③ 전기밥솥

④ 석유 화학 공장

05 다음 빈칸에 알맞은 단어를 고르세요.

( )는 생물의 세포 안에서 합성돼 생체 속에서 행해지는 거의 모든 화학 반응에서 촉매 역할을 하는 고분자 화합물을 통틀어 이르는 말이에요. 화학적으로는 단순 단백질이나 복합 단백질에 속하며, 술과 간장, 치즈 같은 식품이나 소화제 같은 의약품을 만드는 데 씁니다.

① 효소

② 질소

③ 수소

④ 산소

06 다음 중 2021년 노벨 화학상을 수상한 유기 촉매 연구와 관련성이 가장 낮은 것은?

① 프롤린

② 이미늄 이온

③ 질소 원자

④ 철 원자

07 최초의 자원 전쟁으로 알려진 '새똥 전쟁(태평양 전쟁)'과 관련성이 높은 촉매 연구는?

① 1875년 백금을 촉매로 사용하는 황산 제조공정 개발

② 1909년 질소와 수소 혼합물에 철 촉매를 넣은 암모니아 합성법 개발

③ 1926년 코발트와 철을 촉매로 일산화탄소와 수소로
　　탄화 수소 합성 공정 개발

④ 1975년 제올라이트를 촉매로 사용해 메탄올로부터
　　휘발유 한 번에 합성

08 다음 설명 중 잘못된 것을 고르세요.

① 간단한 유기 분자를 이용한 촉매 연구가 2000년부터 시작됐다.

② 1928년 랑겐벡이 유기 촉매(Organische Katalysatoren)라는
　　용어를 만들었다.

③ 1970년대까지 유기 분자가 어떻게 촉매로 작용하는지 많은 정보가
　　쌓이고 있었다.

④ 유기 분자가 일시적으로 전자를 주고받을 수 있으면 촉매 작용을
　　잘할 수 있다.

09 다음 중 빈칸에 들어갈 알맞은 말을 고르세요.

같은 화학식을 가지는 분자임에도 많은 분자들은 두 가지 형태로 존재해요. 한 분자는 다른 분자의 (　)입니다. 그런데 이 둘은 종종 완전히 다른 기능이나 효과를 갖고 있기도 해요.

① 효소

② 촉매

③ 금속

④ 거울상

10 다음 중 옳은 설명을 고르세요.
    ① 석유를 휘발유나 옷처럼 다양한 형태로 바꾸는데 촉매가 필요없다.
    ② 같은 화학식을 가진 물질이 다른 특성을 보일 수는 없다.
    ③ 유기 촉매는 값이 싸고 금속 촉매보다 해롭지 않아 친환경적이다.
    ④ 공기 구멍을 가진 분자는 촉매로 쓰기에 적합하지 않다.

10. ③
9. ④
8. ①
7. ②
6. ④
5. ①
4. ③
3. ②
2. ①
1. ④

정답

4

2021 노벨 생리의학상

2021 노벨 생리의학상, 수상자 두 명을 소개합니다!
몸풀기! 사전 지식 깨치기
본격! 수상자들의 업적
확인하기

2021 노벨 생리의학상, 수상자 두 명을 소개합니다!
− 데이비드 줄리어스, 아뎀 파타푸티안.

　2021년 노벨 생리의학상은 사람이 어떻게 온도 변화와 통증, 압력 등 일반적인 감각을 느끼는지 규명하는데 크게 기여한 두 명의 연구자에게 돌아갔습니다. 데이비드 줄리어스(David Julius) 샌프란시스코 캘리포니아 주립대학 생리학과 교수와 아뎀 파타푸티안(Ardem Patapoutian) 스크립스연구소 신경 과학과 교수가 그 주인공입니다.

　온도와 통증, 압력을 느끼는 능력은 사람이 주변 환경을 인식하며, 위험을 피하고, 신체의 균형을 유지하기 위해 꼭 필요한 것입니다. 하지만 이러한 감각이 신경을 거쳐 뇌에 전달되는 과정에 관해서는 이들의 연구 이전에는 거의 알려져 있지 않았습니다.

　노벨위원회는 "이들은 혁신적 연구를 통해 신경계가 뜨거움과 차가

"
온도와 압력 수용체를 발견하다
"

데이비드 줄리어스

1955년 미국 뉴욕 브루클린 출생.

1977년 미국 MIT 졸업.

1984년 미국 버클리 캘리포니아 주립대학 박사.

2013년 폴 얀센 박사 생물의학 연구상 수상.

2017년 게어드너 재단 국제상 수상.

2020년 카블리 신경 과학상 수상.

아뎀 파타푸티안

1967년 레바논 베이루트 출생.

1990년 샌프란시스코 캘리포니아 주립대학(UCLA) 졸업.

1996년 캘리포니아 공과대학(칼텍) 박사.

2017년 W. 올든 스펜서상 수상.

2020년 카블리 신경 과학상 수상.

움, 압력 등의 감각을 감지하는 원리에 관한 인류의 이해를 높였다."라며 "우리의 감각과 환경 사이의 복잡한 상호 작용을 이해하는데 꼭 필요했던 '빠진 고리'를 발견했다."라고 수상 이유를 설명했습니다.

줄리어스 교수는 고추의 매운 맛을 일으키는 캅사이신을 연구, 신경 세포에서 통증과 열을 느끼는 수용체 유전자 'TRPV1'을 발견했습니다. 통증을 감지하는 수용체가 고통을 일으킬 정도의 높은 온도 역시 감지한다는 사실도 발견했습니다.

파타푸티안 교수는 신체에 가해지는 기계적 압력에 반응하는 '피에조' 수용체를 발견했습니다. 그는 대학생 시절 내전을 피해 고향 레바논을 떠나 미국으로 건너온 난민 출신입니다. 새로운 기회의 땅에서 노벨상을 받는 최고의 과학자로 성장한 입지전적 인물입니다.

이들의 연구를 통해 우리는 인간 자신은 물론, 인간과 환경의 관계를 보다 잘 이해하게 되었습니다. 또 통증 치료를 위한 새로운 방법들을 찾을 수 있게 되었습니다.

몸풀기! 사전지식 깨치기

우리는 눈으로 세상을 보고, 귀로 소리를 듣습니다. 혀로는 맛을 느끼지요. 아기의 피부를 만지며 부드러움을 느끼고, 비단과 면의 질감을 구분합니다. 꽃에 가까이 다가서면 향기를 맡습니다. 사랑하는 이와 포옹을 하며 몸을 지긋이 누르는 느낌을 받고, 뜨거운 물컵을 무심코 잡으면 소스라치게 놀라며 손을 뗍니다. 맨발로 해변을 걸으며 모래의 감촉을 느낍니다.

우리는 이렇게 세상을 보고, 듣고, 만지고, 움직임을 느낄 수 있기 때문에 주변 환경을 파악하고 변화를 감지하며 세상에 적응해 살아갈 수 있습니다. 감각은 사람의 생존에 필수적입니다. 그리고 대부분의 경우 감각을 느끼기 위해 우리가 특별히 노력하거나 훈련을 할 필요는 없습니다.

감각을 느끼는 것은 우리가 너무나 자연스럽고 당연하게 여기는 것들입니다. 하지만 우리는 과연 어떻게 이러한 감각을 느끼는 것일까요? 우리가 보고 듣는 것, 만지는 것, 또는 뜨거움과 차가움 등 여러 감각이 어떤 과정을 거쳐 신경을 통해 뇌로 전달되고, 뇌는 그 감각을 인지하는 것일까요? 우리의 몸은 어떻게 여러 가지 감각을 뇌가 받아들일 수 있는 전기 신호로 바꿀까요?

감각을 느끼는 신경의 구조

이러한 질문은 인류가 오랫동안 궁금해하던 것들이었습니다. '나는 생각한다. 고로 존재한다.'라는 말로 유명한 17세기의 철학자 르네 데카르트도 인간이 감각을 느끼는 방법에 관한 가설을 제시한 바 있습니다. 그는 사람이 불을 쬘 때 어떻게 불의 뜨거움을 느끼는지 궁금했습니다. 그는 몸의 각 부분 피부 밑에서 시작해 뇌로 이어지는 얇은 실 같은 것이 있어 뜨거운 느낌을 전달한다고 생각했습니다. 감각에 관한 데카르

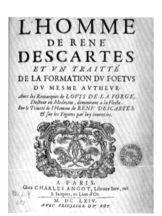

데카르트의 예측

17세기의 철학자 데카르트는 사람 몸속에 가는 실이 있어 불의 뜨거움을 뇌에 전달한다고 생각했다.

트의 기본적인 아이디어는 실제와 거의 들어맞았습니다. 그가 생각한 몸 안의 실은 바로 신경이라고 할 수 있습니다.

신경의 구조에 관한 연구는 꾸준히 이뤄졌습니다. 1880년대에 이르러서는 촉각이나 열, 차가움 등의 특정한 감각에 반응하는 구별된 감각부가 피부 밑에 있다는 사실이 알려졌습니다. 이탈리아의 카밀로 골지(Camillo Golgi)는 관찰하기 편하게 신경 조직을 질산은으로 염색하는 방법을 개발, 중추 신경계의 구조를 밝혔습니다. 스페인의 산티아고 라몬 이 카할(Santiago Ramon y Cajal)은 골지의 연구 방법을 발전시켜, 신경 세포가 모두 하나로 이어진 것이 아니라 서로 떨어진 상태에서 돌기를 통해 연결되어 있다는 '뉴런(neuron) 이론'을 제시했습니다. 이들은 신경계의 구조를 밝힌 공로로 1906년 노벨 생리의학상을 공동 수상했습니다.

1932년에는 영국의 찰스 셰링턴(Charles Sherrington)과 에드거 에이드리언(Edgar Douglas Adrian)이 뉴런의 기능을 발견, 고등 동물의 신경 기능을 이해하기 위한 기초를 놓은 공로로 노벨 생리의학상을 받았습니다. 이들은 뉴런이 전기 신호와 화학 물질을 주고받으며 자극 전달 역할을 수행함을 밝혔습니다.

이어 미국의 조지프 얼랭어(Joseph Erlanger)와 허버트 개서(Herbert Gasser) 교수는 고통이나 접촉 같은 다양한 자극에 반응하는 여러 유형의 감각 신경 섬유가 있다는 사실을 발견하여 1944년 노벨 생리의학상을 받았습니다. 신경 세포들은 신호가 전달되는 속도나 활성화되기 위해 필요한 자극의 정도 등이 제각각이었습니다. 자극을 받아 반응한 후 다음 자극에 반응하기까지 그 사이의 시기, 즉 자극에 반응하지 않는 시기를 말하는 불응기도 달랐습니다.

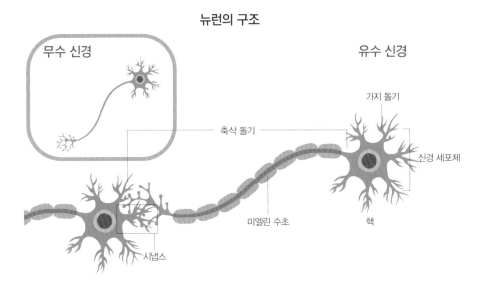

뉴런의 구조

무수 신경

유수 신경

가지 돌기

축삭 돌기

신경 세포체

미엘린 수초

핵

시냅스

　　이에 따라 우리는 촉각, 온도 등 특정 감각을 담당하는 고유의 신경이 있다는 것을 알 수 있었습니다. 촉각이나 온도와 같이 쉽게 생각할 수 있는 감각뿐 아니라 고유 수용성 감각을 담당하는 신경도 찾을 수 있게 되었습니다. 고유 수용성 감각이란 신체 위치나 자세, 평형 및 움직임에 대한 정보를 파악하여 중추 신경계로 전달하는 감각을 말합니다. 우리가 눈으로 쳐다보지 않고도 팔이 어디 있는지 인식하고, 손을 뻗어 등의 가려운 부분을 긁을 수 있는 것도 이러한 감각 덕분입니다. 이 감각에 문제가 생기면 몸의 움직임이나 균형 유지에 어려움을 겪을 수 밖에 없습니다.

　　이러한 연구 덕분에 19세기와 20세기 초에 걸쳐 감각을 전달하는 신경의 구조에 관한 많은 지식이 쌓였습니다. 하지만 그 안에서 일어나는 일에 관해서는 아직 제대로 알 수 없었습니다. 우리는 수용체가 외부 자극을 전기 신호로 바꾸어 신경 세포인 뉴런을 통해 뇌로 전달한다는 것은 알게 되었습니다. 하지만 수용체가 과연 어떻게 모양과 소리, 온도나 압력 등의 감각을 느끼고, 어떻게 이러한 느낌을 전기 신호로 바꾸어 신경 세포를 통해 전달하는지에 관해서는 여전히 수수께끼였습니다. 신경 세포 안에서 감각이 전기 신호로 전환되는 과정을 분자 수준에서 이해하기는 어려웠습니다.

데카르트는 불 가까이에서 느낀 뜨거움이 몸 안의 실을 타고 뇌로 전달되는 구조는 실제와 거의 비슷하게 상상했지만, 어떤 과정을 거쳐 뜨거움이란 감각을 뇌가 인식할 수 있는 신호가 되는지에 관해서는 거의 제시하지 못했습니다. 20세기 초반의 과학은 감각이 전달되는 신경의 구조를 알아냈다는 점에서 데카르트의 시대에 비해 획기적인 발전을 이루었지만, 그 내부의 원리까지는 아직 알아내지 못했다는 점에서 데카르트와 비슷한 상황에 있었다고도 할 수 있습니다.

과연 우리는 어떻게 외부의 감각을 뇌에서 인지할 수 있는 형태의 신호로 바꾸는 것일까요? 이에 관한 연구는 20세기 하반기에 본격적으로 성과가 나오기 시작했습니다. 물론 모든 감각에 관한 연구가 골고루 많은 성과를 보인 것은 아니었습니다.

오감을 느끼는 원리

우리가 느끼는 감각은 몇 가지로 구분할 수 있습니다. 시각, 청각, 후각, 미각은 특수 감각이라고 부릅니다. 우리 몸에는 눈이나 귀, 코와 혀처럼 이들 감각을 느끼는 전문 감각 기관이 따로 있습니다. 이에 관한 연구는 상대적으로 많이 되어 있는 편입니다. 반면 일반 감각이라고 하는 열감, 냉감, 통증, 접촉, 압력 등은 전문 감각 기관이 따로 없고 피부 밑의 감각 신경에서 발생합니다. 일반 감각은 체성 감각이라고도 부르는데, 이들 감각에 관해서는 아직 많이 알려진 바가 없습니다.

흔히 오감이라고 하는 이런 감각을 우리는 어떻게 인지하는 것일까요? 시각과 청각, 후각에 관한 연구는 제법 성과가 있어서, 이미 이 분야의 개척자들이 노벨상을 수상했습니다. 눈이 사물을 인식하는 과정은 1967년 노벨 생리의학상을 받은 미국의 조지 월드(George Wald)와 케퍼 하틀라인(Halden Keffer Hartline), 스웨덴의 랑나르 그라니트(Ragnar Granit)가 규명했습니다. 이들의 핵심 공헌은 빛을 받아들이는 로돕신(rhodopsin) 수용체의 발견입니다.

로돕신은 레티날(retinal)이라는 색소 분자와 옵신(opsin)이라는 단백질로 이루어져 있으며, 빛의 밝기 정보를 처리하는 망막의 간상세포에 있습니다. 눈을 통해 빛이 들어오면 로돕신의 화학 구조가 굽은 형태에서 퍼진 형태로 바뀌면서 레티날이 분해되어 떨어져 나옵니다. 이때 생기는 변화에 의해 간상세포 안팎의 전위가 바뀌면서 신경 자극을 만들고, 시신경이 이 흥분을 전달하면서 사물을 시각적으로 감지하여 인식하게 됩니다.

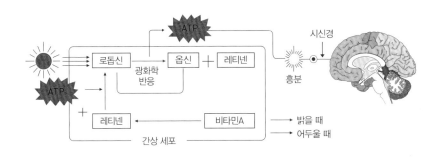

시각 의식 과정

*ATP: Adenosine triphosphate, 모든 살아있는 세포에서
에너지 저장소 역할을 하는 분자인 아데노신 3인산.

어두운 곳에서는 빛을 감지하기 위해 로돕신이 더 많이 필요합니다. 그래서 어두운 곳에서는 로돕신이 더 많이 생성되는데, 로돕신이 만들어지는 데에는 시간이 걸립니다. 우리가 갑자기 어두운 곳에 들어가면 처음에는 전혀 앞을 분간하지 못하다가 시간이 지날수록 눈이 적응하며 사물을 알아보는 것도 이 때문입니다. 옵신과 레티날로 분해된 로돕신이 다시 합성되어 빛을 감지하는데 쓰이려면 비타민A가 필요합니다. 비타민A가 모자라면 야맹증에 걸리는 이유입니다.

청각은 가장 바깥쪽의 귓바퀴와 중이의 고막, 가장 안쪽 내이의 달팽이관을 거쳐 전달됩니다. 외부의 소리, 즉 음파가 외이도를 거쳐 고막에 이르고, 이어 고막에서 이소골이라는 작은 뼈를 통해 달팽이관으로 전해집니다. 달팽이관은 진동을 전기적 신호로 바꾸어 뇌에 전달하는 역할을 합니다. 달팽이관에 이른 음파는 달팽이관에 있는 기저막에 파동을 일으키고, 이 파동이 섬모를 자극해 전기 신호로 바뀌어 대뇌로 전달됩니다.

헝가리 출신의 생리학자 게오르그 폰 베케시(Georg von Békésy)는 음파 진동수의 높낮이에 따라 기저막의 다른 부분이 반응한다는 사실 등 달팽이관의 작동 원리를 밝힌 공로로 1961년 노벨 생리의학상을 받았습니다.

냄새를 맡는 과정은 코 속에 있는 후각 수용체가 냄새 분자와 결합하면서 시작됩니다. 호흡을 통해 코에 들어온 냄새 분자는 코의 점막에 있는 후각 상피의 후각 수용체 단백질과 결합합니다. 이후 나타나는 화학적 반응이 전기 신호를 만들어 뇌로 전달되면 우리는 냄새를 인식하게 됩니다.

미국의 리처드 액셀(Richard Axel)과 린다 벅(Linda B. Buck)은 이

모든 감각을 뇌에 전달하는 길, 이온 통로

사람의 감각을 자극하는 것은 빛, 소리, 열, 압력 등 다양합니다. 또 이런 감각을 받아들이는 수용체의 종류도 수없이 많습니다. 하지만 다양한 수용체가 제각각 여러 종류의 감각을 받아들여 신경을 통해 뇌로 전달하려면 이런 자극을 전기 신호로 바꾸는 과정이 공통적으로 필요합니다. 그런데 화학적 성분으로 구성된 생물 세포는 어떻게 여러 감각을 전기 신호로 바꿀 수 있는 것일까요?

그 비밀은 바로 세포마다 있는 이온 통로라는 단백질에 있습니다. 이온 통로는 화학 신호를 전기 신호로 바꾸어 다른 이온 채널로 전달하는 역할을 합니다.

이온 통로는 세포의 외곽을 둘러싼 세포막에 있습니다. 세포 주변에는 물이 있고, 이 물 속에는 이온이 녹아 있습니다. 이온은 세포막을 뚫고 세포 안으로 들어갈 수 없습니다. 하지만 세포막에는 특정 이온이 세포막 안팎으로 들고날 수 있는 통로, 즉 이온 통로가 있습니다. 세포막 사이의 작은 문이라 할 수 있습니다.

우리 몸에는 수많은 종류의 이온 통로가 있습니다. 크기나 전기적 특성이 이 통로에 맞는 이온만 이 문을 지나다닐 수 있습니다. 이를 선택적 투과성이라고 합니다. 이온 통로와 반응하는 자극이 오면 이온 통로가 열리면서 세포 안으로 이온이 들어오고 세포막 안쪽과 바깥쪽 전하량에 차이가 생깁니다. 이렇게 생긴 전기적 위치 에너지, 즉 전위차(전압)에 의해 전기 신호가 발생해 신경 세포가 뇌까지 자극을 전달하게 됩니다.

이온 통로는 문을 여는 주체가 전압인지 아니면 수용체에 결합하는 물질을 말하는 리간드(ligand)인지에 따라 나눌 수 있습니다. 또는 통로를 오가는 이온의 종류에 따라 칼륨 통로, 나트륨 통로, 칼슘 통로 등으로 분류하기도 합니다.

이온 통로는 미국 록펠러대학 로더릭 매키넌(Roderick Mackinnon) 교수가 발견했습니다. 그는 칼륨 이온 채널을 발견한 공로로 2003년 노벨 화학상을 수상했습니다. 세포막 단백질을 통해 물이 들고나는 원리를 규명한 피터 아그리(Peter Agre) 존스홉킨스대학 교수와 공동 수상이었습니다. 이온 통로의 발견으로 신경 세포 이상으로 인한 질병을 고치는 신약을 개발할 수 있는 길이 열렸습니다.

2021년 노벨 생리의학상을 받은 줄리어스 교수와 파타푸티안 교수의 핵심 업적 역시 온도와 압력에 반응하는 이온 통로 역할을 하는 단백질을 발견한 것입니다.

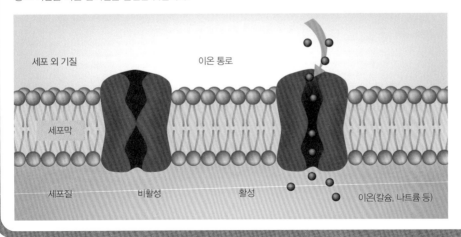

같은 후각의 메커니즘을 발견한 공로로 2004년 노벨 생리의학상을 받았습니다. 이들은 사람이 후각 상피에 1000개 이상의 후각 수용체를 갖고 있다는 사실을 발견했습니다. 이는 인간이 가진 유전자의 3%에 해당합니다. 적지 않은 숫자인데, 이중 실제 활동하는 유전자는 375개 정도라고 합니다. 이는 인간이 두 다리로 걸어 다니게 되면서 코가 땅에서 멀어졌고 후각에 관한 의존도가 낮아졌기 때문으로 보입니다.

인간이 감각을 느끼는 기전(機轉, 일어나는 현상을 의미하는 말로 우리나라에서는 의학 용어로만 쓰인다.)은 아직 모든 것이 완전히 밝혀지지는 않았습니다. 하지만 핵심적인 발견이 이뤄진 시각과 청각, 후각에 관한 연구는 노벨상을 수상하며 그 기여를 인정받았습니다. 그런 가운데 이번에 촉각과 통증, 온도에 관한 감각을 느끼는 원리의 발견이 노벨상을 받았습니다. 향후 지속적인 추가 연구로 이 분야에 관한 우리의 지식이 더욱 확대될 것이라 예상됩니다. 또한 미각 연구도 언젠가는 중요한 진전과 함께 노벨상을 받게 되는 날이 오지 않을까요?

본격! 통증과 온도 반응 연구의 지평을 열다

줄리어스 교수와 파타푸티안 교수의 연구를 통해 우리는 온도와 기계적 압력이 신경계에서 어떻게 전기 신호로 전환되는지 이해할 수 있는 실마리를 얻었습니다. 인류의 오랜 수수께끼 중 하나를 해결할 수 있게 된 것입니다.

외부 세계에서 일어나는 일을 알아챌 수 있는 신경계의 능력, 이는 신체의 기본 기능 중 하나입니다. 이런 능력을 통해 우리는 환경에 반응하여 우리의 행동을 환경에 맞게 바꿔 나갈 수 있습니다. 그렇지 않았다면 생명은 환경에 적응해 살아남을 수 없었을 것입니다.

캅사이신에서 통증의 원리 발견한 줄리어스

줄리어스 교수의 연구 분야는 원래 통증이었습니다. 그는 매운 맛을 일으키는 성분인 캅사이신이 어떻게 통증을 유발하는지 궁금해했습니다. 캅사이신의 작용을 이해하면 통증의 전달에 관해서도 통찰력을 얻을 수 있을 것이라고 생각한 것입니다. 캅사이신의 매운 맛이 미각이 아니라 통증이라는 사실은 당시 알려져 있었습니다.

1996년 어느 날 그는 마트에서 장을 보다 야채 코너에서 고추와 고추냉이 같은 향신 채소를 보며 다시 그런 궁금증이 도졌었나 봅니다. 진열대 앞에 서서 고추가 통증을 유발하는 원리가 무엇일까 고민하고 있었습니다. 부인은 남편이 따라오지 않자 되돌아가 이유를 물었습니다. 남편의 고민을 들은 부인은 "고민만 하지 말고 직접 연구해 보세

캅사이신에 반응하는 유전자 찾기

등쪽뿌리신경절(DRG)에서 추출해 1만 6000개씩
묶은 유전자 그룹을 세포에 형질 주입한 결과, 11번째
그룹에서 캅사이신에 관한 반응이 나왔다. (A의 Pool
DRG-11)
11번째 그룹의 유전자를 다시 조사하여 TRPV1(VR1)에
반응하는 유전자를 확인했다. (B)
온도가 40도가 넘어서자 TRPV1이 강하게 반응하는
것을 볼 수 있다. (C)

출처. 네이처 Caterina, M.J., M.A. Schumacher, M. Tominaga,
T.A. Rosen, J.D. Levine, and D. Julius, The capsaicin
receptor: a heat-activated ion channel in the pain pathway.
Nature, 1997, 389(6653): p. 816-24.

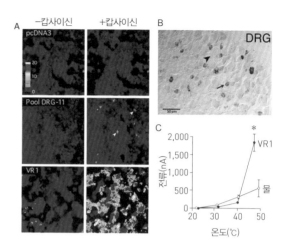

요."라고 말했다 합니다. (그의 부인 홀리 잉그레이엄 역시 샌프란시스코대
학 생리학과 교수입니다.)

그래서 그는 자기 연구실의 박사후 과정 연구원 마이클 카테리나와
함께 연구에 착수했습니다. 줄리어스 교수에게 노벨상을 안긴 통증 수
용체 연구의 시작이었습니다.

수많은 유전자 중에서 캅사이신이라는 특정 물질에 반응하는 유전
자를 찾아내겠다는 생각을 한 것이죠. 줄리어스 교수는 캅사이신을 감
지하는 센서 역할을 하는 단일 유전자가 있고, 이 유전자를 이식하면
평소 캅사이신에 반응하지 않는 세포도 캅사이신을 감지하리라는 가설
을 세웠습니다.

통증을 감지하는 바로 그 유전자를 찾기 위해 줄리어스 교수 연구팀
은 신체의 통증 전달 경로인 등쪽뿌리신경절(dorsal root ganglion)에
서 신경 세포를 채취, 여기에 발현된 유전자로 상보적 DNA(cDNA) 라
이브러리를 만들었습니다. cDNA는 유전자 중 특정 단백질을 만드는

유전자와 같이 의미 있는 유전자 정보만 갖도록 합성한 DNA를 말합니다. 등쪽뿌리신경절은 양쪽 척추 뒤쪽에 있으며 감각 신경의 신경 세포체가 모여 있는 곳입니다. 몸 외곽에 있는 말초 감각 기관에서 자극을 받으면 이곳을 거쳐 척수와 뇌로 신호가 전달됩니다.

이어 등쪽뿌리신경절에서 확보한 유전자를 1만 6000개씩 한 그룹으로 묶어 평소 통증에 반응하지 않는 다른 세포에 발현시키고, 이때 이 세포가 캅사이신에 반응하는지 일일이 확인하는 작업을 했습니다. 11번째 그룹에서 캅사이신에 관한 반응이 나타났습니다. 캅사이신 반응 세포가 캅사이신 자극을 받았을 때 나타나는 칼슘 신호가 반응한 것이지요. 이후 이 그룹에 포함된 유전자를 하나씩 세포에 형질 주입(동물 세포에 외부 DNA 또는 RNA를 넣는 과정)해 보았습니다.

이런 지루한 과정을 거쳐 마침내 세포가 캅사이신에 반응하게 만드는 유전자 하나를 발견했습니다. 캅사이신 감지 유전자를 찾아낸 것이죠. 이 유전자는 '바닐라 유사 수용체 1(VR1)'이라는 이름을 얻었습니다.

연구진은 이 수용체가 캅사이신에 반응하지만 통증 신호와는 상관없는 것은 아닌지 검증하기 위해 통증 인식에 관여하는 것으로 알려진 감각 뉴런에 이것이 발현되는지 확인하였습니다. 그 결과, 등쪽뿌리신경절과 얼굴과 목의 통증을 전달하는 삼차 신경에서 VR1을 발현하는 세포들을 관찰하였습니다. 캅사이신이 통증과 연관되어 있다는 것을 확인한 것입니다.

이후 추가적 연구를 통해 VR1이 '일시적 수용체 전위(TRP, tran-sient receptor potential)' 계열로 구분되는 이온 통로들과 비슷한 점이 많다는 사실이 드러났습니다. 그래서 VR1은 'TRPV1'이라고 불리게 되었습니다. 여행을 뜻하는 영어 단어 'trip'처럼 '트립V1'이라고 읽

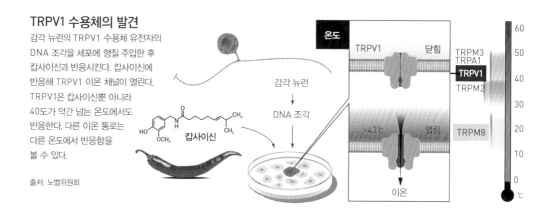

TRPV1 수용체의 발견

감각 뉴런의 TRPV1 수용체 유전자의
DNA 조각을 세포에 형질 주입한 후
캡사이신과 반응시킨다. 캡사이신에
반응해 TRPV1 이온 채널이 열린다.
TRPV1은 캡사이신뿐 아니라
40도가 약간 넘는 온도에서도
반응한다. 다른 이온 통로는
다른 온도에서 반응함을
볼 수 있다.

출처. 노벨위원회

습니다. 한편, TRP는 막을 통과하는 도메인을 6개 가진 구조로 칼슘이
나 마그네슘 같은 양이온을 주로 투과하는 채널입니다. 동물의 몸에서
자극을 감지하고 이를 전기 신호로 바꾸어 전달하는 역할을 동시에 수
행하는 경우가 많습니다.

통증과 열은 하나의 수용체에서

줄리어스 교수는 TRPV1을 연구하다가 이 수용체가 열을 감지하는
수용체이기도 하다는 사실을 발견했습니다. TRPV1이 열 자극을 받자
캡사이신 통증 자극과 비슷하게 세포에 칼슘 이온이 들어왔습니다. 또
열 자극에 의해 발생한 세포 전류를 측정해 보니 감각 뉴런과 비슷한
특성을 보였습니다.

연구팀은 TRPV1이 고통을 감지하는 뉴런에서는 발현되지만 고유
수용성 감각이나 촉각, 압력 등을 감지하는 뉴런에서는 발현되지 않는
다는 사실도 알아냈습니다. 이로써 TRPV1이 고통스러운 수준의 열을
전달하는 역할을 한다는 점이 분명해졌습니다. 쥐를 대상으로 한 생체

실험에서도 같은 사실이 확인되었습니다.

가장 흥미로운 점은 TRPV1이 43℃를 넘으면 활성화된다는 것입니다. 이 온도는 사람이 열을 고통스럽다고 인식하기 시작하는 시점입니다. 매운 음식을 먹을 때 우리는 마치 더운 곳에 있는 것처럼 이마에서 땀을 뻘뻘 흘리게 되는데요, 이러한 현상도 통증과 온도를 감지하는 기전이 같다는 사실에 비추어 보면 납득이 됩니다.

영어 단어 'hot'은 '뜨겁다'라는 의미와 '맵다'라는 의미를 동시에 가지고 있죠. 뜨거움과 매움을 느끼는 수용체가 같다는 점을 생각하면, 새삼 hot이란 단어가 신기하게 느껴집니다.

이 같은 내용을 담은 줄리어스 교수의 논문은 1997년 학술지 〈네이처〉에 실렸습니다. 캡사이신과 열에 의해 발현되는 TRPV1의 발견은 열을 감지하는 능력을 분자와 신경 수준에서 이해하고, 온도를 느끼는 다른 수용체를 계속해서 찾아낼 수 있는 길을 열었습니다.

온도 감지 수용체 연구의 새 장을 열다

TRPV1 연구 성과를 바탕으로 다른 온도 관련 수용체를 찾으려는 과학계의 노력도 탄력이 붙었습니다. 실험 동물에서 TRPV1을 제거해도 열을 감지하는 능력은 그다지 영향을 받지 않는 점에 비추어, TRPV1 외에 다른 온도 감지 수용체가 있을 것으로 과학자들은 생각했습니다. 2011년 또 다른 열 감지 수용체 TRPM3가 발견되었습니다.

그러나 TRPV1과 TRPM3를 모두 불활성화해도 높은 온도의 열을 감지하는 능력이 완전히 사라지지는 않았습니다. 이와 관련된 또 다른 수용체가 있다는 이야기입니다. 그러다 캡사이신과 같은 강렬한 화학적 자극을 전달하는 TRPA1이라는 수용체가 열 감지에도 관여한다는 사실이 드러났습니다. TRPA1은 줄리어스 교수와 파타푸티안 교수에 의해 독립적으로 발견되었습니다. 결국 고통스러운 정도의 열을 감지하는 능력은 TRPV1과 TRPM3, TRPA1 등 3개 이온 통로의 영향을 함께 받는다는 것이 밝혀졌습니다.

열을 느끼는 수용체가 있다면 차가움을 느끼는 수용체도 있겠죠. 사람은 28℃ 정도의 온도에서 그리 고통스럽지 않은, 기분 좋은 차가움을 느끼기 시작합니다. 또 피부 표면 온도의 변화를 0.5℃ 단위로 정밀하게 감지할 수 있다고 합니다.

2002년 차가움을 느끼는 수용체 TRPM8이 발견되었습니다. 이 수용체 역시 줄리어스 교수와 파타푸티안 교수 연구팀이 개별적 연구를 통해 발견하였습니다. 이번엔 캅사이신이 아니라 멘톨이 중요한 역할을 하였습니다. 멘톨은 박하에서 추출하는 물질로, 시원한 청량감을 느끼게 해 줍니다. 요즘 유행하는 민트 초코 맛 음료나 과자를 생각하면 될 듯합니다. 파스를 붙일 때 시원한 느낌이 드는 것도 멘톨 성분이 함유되어 있기 때문입니다.

이들은 통증 반응을 연구하기 위해 캅사이신에 반응하는 수용체 유전자를 찾은 것처럼, 차가움을 느끼는 기전에 관한 연구를 위해 멘톨에 반응하는 유전자를 찾는 작업을 하였습니다. 그들은 이 유전자가 사람들이 기분 좋은 차가움을 느끼는 정도의 온도에 반응한다는 사실을 밝혔습니다.

'뜨거움'이 아닌 '따뜻함'에 관한 연구도 성과를 보였습니다. 인간은 대략 33-38℃ 사이의 온도에서 따뜻함을 느낍니다. 피부는 따뜻한 정도의 변화를 1℃ 단위로 세밀하게 구분합니다. 이어진 연구를 통해 TRPV1이 뜨거움뿐만 아니라 따뜻함에도 관여한다는 사실이 밝혀

TRPV1 vs 피에조2

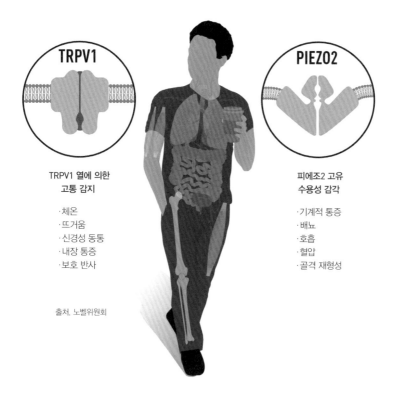

TRPV1
TRPV1 열에 의한
고통 감지

·체온
·뜨거움
·신경성 동통
·내장 통증
·보호 반사

PIEZO2
피에조2 고유
수용성 감각

·기계적 통증
·배뇨
·호흡
·혈압
·골격 재형성

출처. 노벨위원회

졌으며, TRPM2라는 또 다른 따뜻함 감지 수용체도 발견되었습니다. 따뜻함 감지 센서가 활성화되는 동시에 차가움 감지 수용체의 활동은 억제되는 작용을 통해 따뜻함을 느끼게 된다는 사실도 밝혀졌습니다. TRPV1과 TRPA1, TRPM2, TRPM3 등의 수용체가 함께 따뜻함을 감지하는 센서 작용을 하지만, 이때 차가움을 느끼는 TRPM8 센서의 활동은 억제되어야 제대로 따뜻함을 느낄 수 있다는 이야기입니다.

줄리어스 교수의 기념비적 발견과 이후 과학계의 후속 연구를 통해 우리는 TRP 계열 수용체가 온도 감지에 핵심적 역할을 한다는 사실을 알게 되었습니다. 이러한 온도 감지 수용체의 작용을 통해 인간은 추위와 따뜻함의 변화를 0.5-1℃ 수준으로 정밀하게 느끼며 환경에 적응할 수 있습니다.

압력 느끼는 원리 발견한 파타푸티안

통증과 온도에 관한 연구가 실마리를 찾아 나가면서 아직 많이 연구되지 않은 감각, 즉 통증에 관심을 갖는 학자들이 나왔어요. 아뎀 파타푸티안 스크립스연구소 교수도 그중 한 명이었습니다. 위에서 언급되었듯 파타푸티안 교수는 온도 수용체 분야에서 줄리어스 교수와 경쟁하며 많은 성과를 거두었습니다. 그러다 자신만의 독자적 연구 분야를 찾아 압력 감지에 관한 연구로 방향을 전환합니다.

압력 감지는 미지의 분야였습니다. 개구리의 달팽이관 세포에 기계적 압력을 가하면 세포막 안팎에서 전위 차이가 발생한다는 사실은 이미 1970년대에 관측되었습니다. 그래서 압력을 느끼는 이온 통로가 있을 것이라고 과학자들은 예상했지만, 그 실체는 확인하지 못했습니다.

그러다 1980년대에 친쿵과 보리스 마티낙이라는 학자가 대장균에서 압력을 감지하는 이온 통로를 찾아냈습니다. 주변 환경의 변화에 적응하는 압력 센서 역할을 했습니다. 이 압력 감지 통로를 제거당한 대장균은 삼투압 농도가 조금만 변해도 녹아 버렸습니다. 하지만 포유동물에서 압력 감지에 결정적 역할을 하는 이온 통로를 찾아내려는 시도는 그다지 성공적이지 않았습니다.

파타푸티안 교수는 좀처럼 모습을 드러내지 않는 이 압력 감지 센서

피에조 수용체의 발견

세포에서 압력 감지 이온 통로에
관여할 것으로 예상되는 유전자
후보 72개를 선정한 후 하나씩
불활성화하였다. 72번째 유전자를
제거하자 압력을 가해도 세포가
반응하지 않아 전류의 변화가
측정되지 않음을 볼 수 있다.
이 유전자가 압력 감지 센서 발현에
관여함을 알 수 있다.

출처. 노벨위원회

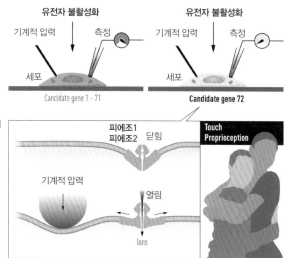

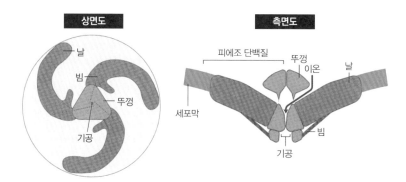

피에조 이온 통로 구조

압력 센서인 피에조 이온채널의 구조. 카메라 조리개가 작동 하듯, 3개의 날을 조였다 풀며
이온 채널을 여닫는다.

출처. A. Danve, Nature, 2020, 577, 158 기초과학연구원 홈페이지 재인용. https://www.ibs.re.kr/cop/bbs/
BBSMSTR_0000000009 91/selectBoardArticle.do?nttId=20472

를 찾는 연구에 뛰어들었습니다. 연구진은 기계적 압력을 감지하는 성질을 가진 '뉴로2A'라는 세포를 찾아냈습니다. 이 세포는 아주 작은 유리관 미세 전극으로 건드렸을 때 전기 신호를 방출했습니다. 그래서 기계적 힘을 받았을 때 반응한다는 것을 알 수 있었습니다. 그리고 이 세포에 기계적 힘에 의해 활성화되는 수용체를 코딩하는 유전자 후보를 72개 골라냈습니다.

파타푸티안 교수 연구팀은 뉴로2A 세포의 어느 유전자가 압력 감지에 관여하는지 확인하기 위해 72개의 후보 유전자를 하나씩 불활성화했습니다. 앞서 줄리어스 교수 연구팀이 통증 감지 수용체를 찾기 위해 수많은 후보 유전자를 다른 세포에 형질 주입해 발현 여부를 따졌다면, 이들은 세포에서 후보 유전자를 하나씩 지워 나가는 방식을 썼다 할 수 있습니다. 어떤 유전자가 불활성화되었을 때 세포가 압력 감지 기능을 잃는다면, 바로 그 유전자가 압력을 느끼는 센서를 만드는 역할을 함을 알 수 있습니다.

이런 힘들고 지루한 과정을 거쳐, 마침내 마지막 72번째 유전자를 제거했을 때 세포가 압력에 반응하지 않는 것을 발견했습니다. 드디어 압력을 감지하는 수용체를 찾아낸 것입니다. 이 유전자에 의해 발현되는 수용체 단백질을 '피에조1(PIEZO1)'이라 이름 지었습니다. '피에조'는 그리스어로 '압력(pressure)'을 뜻합니다. 이어 파타푸티안 교수 연구팀은 또 다른 압력 감지 통로 '피에조2'를 발견했습니다.

피에조1과 피에조2는 세포막에 압력을 받았을 때 직접 활성화되는 이온 통로입니다. 이들은 TRP 등 기존에 알려진 단백질 계열과는 다른 단백질에 속하며, 포유류나 다른 진핵생물에서 발견됩니다. 또 등쪽뿌리신경절에는 피에조1이 아니라 피에조2만 발현된다는 사실과 피에조를 제거하면 이들 통증 감각 뉴런이 기능을 모두 잃는다는 사실도 함께 밝혀졌습니다.

피에조 센서와 신체의 내적 활동

파타푸티안 교수가 발견한 피에조2 수용체는 단지 촉각뿐 아니라 고유 수용성 감각을 감지하는데 있어 핵심적 역할을 한다는 사실도 발견되었습니다. 고유 수용성 감각은 자세와 평형, 동작을 감지하는 감각을 말합니다. 또한 후속 연구를 통해 이들은 피에조1과 피에조2가 혈압, 호흡, 배뇨를 위한 방광 제어 등 신체의 중요한 생리학적 과정을 관장한다는 것도 알게 되었습니다. 몸이 정상적으로 작동하기 위한 무의식적 과정이 이들 압력 감지 수용체에 의해 이뤄진다는 말입니다.

이를 테면, 쥐에서 피에조2 수용체를 제거하면 폐의 정상적 호흡을 가능하게 하는 '헤링-브로이어 반사(Hering-Breuer反射)'에 문제가 생깁니다. 헤링-브로이어 반사란 공기를 들이마시면 폐가 늘어나고, 일정 수준 이상으로 늘어나 폐의 '신전 수용기'가 자극되면 다시 미주 신경을 통해 뇌 연수의 흡기 중추(吸氣中樞, 숨을 들이쉴 때 전기적으로 활성화되는 숨뇌의 부분으로 이곳을 자극하면 계속 숨을 들이쉬게 된다.)가 억제되는 과정을 말합니다. 피에조2가 호흡 과정에 밀접하게 연결되어 있음을 알 수 있습니다.

혈압을 일정하게 유지하는 동맥 압반사 작용에도 피에조1과 피에조2가 관여합니다. 이 두 수용체가 없는 쥐는 혈압이 불안정하게 높이 올라가는 모습을 보였습니다. 방광에 소변이 차서 팽창하는 느낌을 감지하는 것은 피에조2의 역할입니다. 이 수용체에 문제가 생기면 소변 조절이 어려워집니다. 한편 피에조1은 적혈구 세포 크기의 항상성 유지에 관여합니다. 피에조1이 없으면 적혈구에 세포액이 과다하게 들어오게 됩니다.

인간의 건강과 복리를 위하여

통증과 온도, 압력에 관한 줄리어스 교수와 파타푸티안 교수의 발견은 다양한 질병 치료법을 개발할 수 있는 길을 열었습니다. 특히 통증 치료에 큰 계기가 될 전망입니다.

통증은 종양과 함께 의료 수요가 가장 큰 분야입니다. 통증을 치료할 때 아편성 약물에 의존하는 경우가 많은데, 통증 수용체를 활용한 치료제를 만들면 기존 약물의 위험 부담을 덜 수 있습니다. TRPV1을 표적으로 하는 진통제 신약 후보가 등장하고 있습니다. TRPM8은 편두통 치료를 위한 표적으로 주목받고 있습니다.

미국의 이야기이긴 합니다만, 미국 질병통제센터(CDC)에 따르면 미국 성인의 20%가 만성 통증에 시달리고 있으며, 이로 인한 사회적 비용은 연간 5600억-6350억 달러에 이르는 것으로 추산됩니다. 이러한 수치를 통해 이번 연구가 통증 환자의 삶의 질 개선과 이로 인한 사회적 가치 향상에 크게 기여하리라 미루어 짐작할 수 있습니다.

압력을 감지하는 피에조1과 피에조2에 관한 연구도 잠재력이 크다는 평가를 받습니다. 아직 관련 연구가 시작된 지 오래 되지는 않았지만, 이 수용체가 혈압, 호흡, 배뇨, 뼈 형성 등 신체의 주요한 작용에 광범위하게 관여하고 있다는 점에서 활용 가능성이 크리라 기대되기 때문입니다. 지금까지 의약계가 호르몬과 신경 전달 물질 등 화학적 접근에 중점을 두었다면, 앞으로는 기계적 신호 전달 연구의 중요성이 커질 것이라는 전망도 나옵니다.

나아가 감각을 받아들이는 수용체를 넘어 수용체에서 올라간 신호를 처리하는 뇌 회로에 관한 연구로 발전할 가능성이 큽니다. 또한 기분 좋은 감각과 고통스러운 감각을 느끼는 이러한 능력이 인간의 감정과 어떤 관계인지 규명하는 연구도 가능해질 수 있습니다.

줄리어스 교수와 파타푸티안 교수의 연구는 우리가 환경을 어떻게 받아들이고 그에 대응하며 적응하는지 더 잘 알게 했고, 이는 인간이 어떤 존재인지 스스로에 관해 더 잘 이해하기 위한 문을 열었다고도 할 수 있습니다. 또한 일상의 환경에서 연구 소재를 발견하고 이를 과학적 발견으로 이어가는 과학자들의 모습을 보며 과학의 즐거움을 다시 한 번 생각해 보는 계기가 되었습니다.

확인하기

2021년 노벨 생리의학상 수상자 업적에 관한 이야기를 잘 읽어 보셨나요? 이들은 사람이 어떻게 온도 변화와 통증, 압력 등 일반적인 감각을 느끼는지 규명하는데 기여한 공로를 인정받았습니다. 내용을 얼마나 잘 이해하고 있는지 살펴볼까요?

01 2021년 노벨 생리의학상을 받은 사람은 다음 중 누구일까요? 모두 골라 주세요.
① 데이비드 줄리어스
② 카밀로 골지
③ 허버트 개서
④ 아뎀 파타푸티안

02 다음 중 사람이 느끼는 특수 감각에 해당하지 않는 것은 무엇일까요?
① 시각
② 청각
③ 통증
④ 후각

03 눈에서 빛을 감지하는 역할을 하는 수용체는 무엇인가요?
① TRPM2
② 로돕신
③ 레티날
④ 질산은

04 세포에 있는 이온 통로의 역할은 무엇인가요?
① 체내 이온을 혈관에서 혈관으로 전달한다
② 체내에 흡수된 영양소를 소화한다
③ 받아들인 감각의 화학 신호를 전기 신호로 바꾸어 전달한다
④ 이온 음료를 소화시킨다

05 줄리어스 교수는 어떤 물질을 가지고 통증에 관한 연구를 시작하였나요?
(   )

06 줄리어스 교수는 캡사이신에 반응하는 TRPV1 수용체를 발견했어요. 이
수용체는 어떤 감각을 느끼는 역할을 하나요?
① 시각과 열
② 통증과 후각
③ 뜨거움과 차가움
④ 통증과 열

07 파타푸티안 교수가 발견한 압력 감지 수용체는 무엇인가요? 모두 골라 주
세요.
① 피에조 1
② 피에조 2
③ 피에조 3
④ 피에조 4

08 파타푸티안 교수가 압력 감지 수용체를 발견하기 위해 사용한 방법은 무엇인가요?
① 유전자 불활성화(knock-out)
② 광가속기 설치
③ 형질 주입(transfection)
④ 빅데이터 분석

09 우리는 눈을 감고도 손을 들어 머리의 원하는 부분을 만질 수 있어요. 이렇게 신체 위치나 자세, 평형 및 움직임에 대한 정보를 파악하여 중추 신경계로 전달하는 감각을 무엇이라고 하나요?
(   )

10 다음 중 피에조 수용체가 관여하는 신체 활동은 무엇일까요?
① 혈압
② 배뇨 조절
③ 호흡
④ 위 모두

참고 자료

2021 노벨 물리학상

- 위키피디아(www.wikipedia.org)
- 노벨위원회 공식 홈페이지(www.nobelprize.org) 및 보도 자료 물리백과, 지식백과 등.
- 〈과학동아〉, 2021년 11월호 기사 '2021 The Nobel Prize' 중 '물리학상 – 기후와 물질 속 혼돈에서 질서를 발견해내다'
- 〈어린이과학동아〉, 2021년 22호 기사 '#감각 #기후변화 #유기촉매 노벨상 2021' 중 '노벨물리학상 – 복잡한 세상! 어떻게 예측하나요?'
- 〈수학동아〉, 2013년 4월호 기사 '도로시의 카오스 여행기 – 혼돈에 빠진 오즈를 구하라!'
- 〈동아사이언스〉, 2021년 10월 6일 기사 '[과학자가 해설하는 노벨상] 기후변화 문제로 지평 넓힌 물리학'
- 〈동아사이언스〉, 2021년 10월 6일 기사 '[과학자가 해설하는 노벨상] 복잡계 물리이론, 환경과 사회 문제 해결할 무기가 되다'
- 〈중앙일보〉, 2002년 2월 25일 기사 '카오스와 복잡계 과학의 선구자들'
- 《카오스 – 새로운 과학의 출현》, 제임스 글릭, 동아시아(2013).

2021 노벨 화학상

- 노벨위원회(The Official Web Site of the Nobel Prize)홈페이지 nobelprize.org
- 기초과학연구원(IBS) 홈페이지 사이언스라운지 www.ib.re.kr
- 사이언스올 홈페이지의 유기 촉매(과학백과사전) www.scienceall.com/유기-촉매organic-catalyst/
- 표준국어대사전 stdict.korean.go.kr
- 《광촉매의 모든 것: Photocatalysis A to Z by the leading expert》, Akira Fujishima (김종호 · 최병철 · 김건중 공역), 문운당(2020).
- 《그린에너지와 환경촉매》, 정석진, 집문당(2010).
- 《생체촉매화학》, 松本一嗣(정만길 · 정재철 · 오세관 공역), 신일북스(2008).
- 《촉매》, 최주환, 피어슨 에듀케이션 코리아(2000).
- 《촉매: 기본개념, 구조, 기능》, 서곤 · 김건중, 청문각(2014).
- 《촉매개론》, 전학제, 한림상사(1988).

2021 노벨 생리의학상

- 노벨위원회 홈페이지 및 보도자료, 수상자 업적 상세 정보.
- 캘리포니아주립 샌프란시스코대학 홈페이지 www.ucsf.edu/news/2021/09/421486/biography-david-julius
- 스크립스연구소 홈페이지 www.scripps.edu/faculty/patapoutian/
- 〈동아사이언스〉, 2021년 10월 8일 기사 '벽 허문 지구과학 · 박해 피한 이민자 수상자들…올해도 드라마는 있었다'
- 〈동아사이언스〉, 2021년 10월 4일 기사 '올해 노벨생리의학상, 온도와 압력 느끼는 인간의 체감 비밀 밝힌 과학자들 수상(종합)'
- 〈동아사이언스〉, 2021년 10월 4일 기사 '노벨생리의학상 수상자들, 경쟁 통해 촉각 · 통각 연구 더 발전시켜'
- 〈동아사이언스〉, 2021년 10월 5일 기사 '올해 생리의학상 수상자 파타푸티언 교수 "익숙한 것에서도 놀라운 사실을 발견할 수 있다"'
- 〈주간조선〉, 2021년 10월 21일 기사 '노벨상의 역사는 인간 오감의 비밀을 파헤쳐왔다'
- 기초과학연구원 홈페이지 [과학자가 본 노벨상] '감각의 비밀'을 밝히다
- KAIST 과학영재교육연구원 홈페이지 '2021년 노벨 생리의학상, 온도와 기계적 감각에 대한 수용체 발견'
- National Center for Biotechnology Information 홈페이지 'Spicy science: David Julius and the discovery of temperature-sensitive TRP channels'